城乡空间社会综合调查研究

编著 刘 冬

北京理工大学出版社
BEIJING INSTITUTE OF TECHNOLOGY PRESS

内 容 提 要

本书是城乡规划专业核心课程的指导教材，能强化该课程理论与实践并重的核心地位，为城乡规划及其相关专业提供综合的、系统的思维体系和专业基本调查的训练，内容包括城乡空间社会调查的基本认知、城乡空间社会调查的选题设计、城乡空间社会调查的资料获取、城乡空间社会调查的研究分析、城乡空间社会调查报告及城乡空间社会调查的实践探索。

本书可作为高等院校城乡规划专业的教材，也可作为相关专业学生的参考书。

图书在版编目（CIP）数据

城乡空间社会综合调查研究／刘冬编著 .—北京：北京理工大学出版社，2020.3（2022.1重印）

ISBN 978-7-5682-8213-0

Ⅰ.①城…　Ⅱ.①刘…　Ⅲ.①城乡规划—空间规划—调查研究　Ⅳ.① TU984.11

出版发行／北京理工大学出版社有限责任公司

社　　　址／北京市海淀区中关村南大街5号

邮　　　编／100081

电　　　话／（010）68914775（总编室）

　　　　　　（010）82562903（教材售后服务热线）

　　　　　　（010）68944723（其他图书服务热线）

网　　　址／http://www.bitpress.com.cn

经　　　销／全国各地新华书店

印　　　刷／北京紫瑞利印刷有限公司

开　　　本／787毫米×1092毫米　1/16

印　　　张／13

字　　　数／298千字

版　　　次／2020年3月第1版　2022年1月第2次印刷

定　　　价／46.00元

责任编辑／高　芳

文案编辑／赵　轩

责任校对／刘亚男

责任印制／李志强

随着我国城市化进程的推进，城乡规划学科早已突破传统规划的范畴，融入更为广泛的社会人文和公共管理学科，更加强调综合性、社会性和政策性，逐渐发展成为一门以物质空间环境规划为核心，且涉及城市社会、经济、文化、政策，以及建设等诸多方面内容的综合学科。其中，城乡社会综合调查研究作为城乡规划专业的十大核心专业课之一，在城乡规划专业教学体系中处于整体集成和综合检验的地位。在教学实践中发现，通过"城乡社会空间综合调查"，可以体现该课程与其他专业课程（如城市社会学、城市规划系统工程学、城市研究专题、毕业设计）的高度关联性，为专业的后续深入学习做好铺垫，打好基础。因此，教材的选定成为教学要求是否达标的一个关键环节。

现行的多数教材主要围绕社会学的基本理论展开，而针对城乡空间社会综合调查的技能性教学少有涉及，造成技能型课程沦为理论教学，城乡社会综合调查以空间为核心和宗旨的实践价值难以得到全面体现。基于城乡社会综合调查研究实践性、应用型的课程性质，"知识－能力－人格"三位一体的人才培养理念，以及城乡规划专业在本科阶段立足于培养具有宽厚的基础知识、全面的专业技能、合理的知识结构的复合型专业人才目标，我们编写本书。本书旨在突出一系列的专业、专项技能训练，培养学生能够综合运用城乡社会调查原理和有关知识进行城乡空间社会综合调查实践，熟练掌握城乡空间社会调查的基本方法，基本具备发现空间问题、分析空间问题、解决空间问题、表述空间问题的能力。

本书的编写源于长期从事城乡规划本科教学工作的积累；同时，在本书编写过程中编者不断汲取国内外各高校关于城乡空间社会综合调查研究的实践经验，突出专业的技能性、实用性和时代性，在坚持继承和更新、理论和实践两方面并重的基础上，明确以规划师职业素养的塑造为导向，以执业能力培养为重点，提升该课程的教学水平和效果，从根本上改变传统教材更新慢、案例旧、轻实践的不足。具体表现如下：

1. 本书集理论与实践调查为一体，不仅追求实践理论体系的完整性，而且突出理论内容的实用性，讲义的内容要让学生能在课堂上"动"起来，增加"全国高等院校城乡规划专业课程作业评优活动"中获奖的优秀实践调查报告作业，突出学生的实践调查能力，在动中完成知识传授和实践调查训练。

2. 本书以学生为主体，尊重个性，因材施教；强调"真题真做"，强化实践调查训练，旨在培养城乡规划专业学生联系实际、关注社会空间问题的学术态度；增强学生将工程技术知识与经济发展、社会进步等多方面结合的意识及综合运用能力；提高本科生的文字表达水平，进一步规范调查报告的写作。

3. 本书由城乡空间社会调查的原理方法和实践探索两部分构成；由浅入深、由易到难进行分模块编排，并形成城乡社会综合调查研究的内容体系，虽各有侧重点，但教材将以分解难点、各个击破的方式来实现专业理论与实践调查的紧密结合。

4. 本书以体现空间调查分析和空间问题研究技能训练为目的，以必需、够用为度，以讲清空间概念、强化空间调查为重点。因此，在实践教学中，以学生调查自选题为前提，从而易于开展自主性调查，激发学生的调查兴趣，鼓励和培养学生的开创性思维，充分体现职业性、实践性的要求。

本书在编写过程中参考了大量相关文献，在此无法一一列出，特对这些文献的作者表示衷心感谢！

由于时间和编者水平有限，书中的错漏及不妥之处在所难免，敬请同行批评指正！

编　者

目 录

上篇　城乡空间社会调查的原理方法

第1章　城乡空间社会调查的基本认知 ··· 2

1.1　城乡空间的概念及辨析 ·· 2

1.2　城乡空间的社会调查 ··· 9

1.3　城乡空间社会调查的方法建构和程序 ······················· 17

第2章　城乡空间社会调查的选题设计 ································· **20**

2.1　选题的意义与原则 ··· 22

2.2　选题的思路 ··· 24

2.3　选题的方法与途径 ··· 25

2.4　历年获奖选题剖析 ··· 28

第3章　城乡空间社会调查的资料获取 ································· **35**

3.1　资料获取的目的、意义、途径 ······································· 35

3.2　问卷调查法和文献调查法 ··· 36

3.3　访谈调查法和实地调查法 ··· 62

3.4　网络收集法和新数据收集法 ··· 77

3.5　城乡空间社会调查的组织计划 ····································· 88

第4章　城乡空间社会调查的研究分析　　97

4.1　城乡空间社会调查资料的整理 97

4.2　城乡空间社会调查资料的分析 102

4.3　城乡空间社会调查数据的整合 106

第5章　城乡空间社会调查报告　　113

5.1　城乡空间社会调查报告的特点 113

5.2　城乡空间社会调查报告的注意事项 114

5.3　城乡空间社会调查报告的构成 115

5.4　城乡空间社会调查报告的撰写 119

下篇　城乡空间社会调查的实践探索

案例1　关于西安市经开区公共自行车系统社会调研报告　　123

1.1　调研的背景意义和目的 123

1.2　调研的相关概念定义 125

1.3　调研范围的确定 126

1.4　调研的方法和思路 130

1.5　公共自行车系统存在的问题 132

1.6　小结 135

1.7　租赁点规模的探讨与分析 135

1.8　总结与建议 141

附录1　关于西安市经开区自行车租赁情况的调查访谈 143

附录2　西安市经开区自行车租赁情况调查（一） 144

附录3　西安市经开区自行车租赁情况调查（二） 146

案例2　"艺"席之地——西安市钟楼附近街头艺人的表演空间需求状况调查　　148

2.1　背景与思路 150

2.2　表演现状分析 153

2.3　表演空间探讨 157

2.4　布局管理思考 161

2.5　结语 163

参考文献 164

附录1 访谈记录 165

附录2 调查问卷（一） 166

附录3 调查问卷（二） 168

案例3 "间"而有之——西安公园第 n 卫生间需求调研报告 **170**

第1章 绪论 170

1.1 调研背景 170

1.2 调研目的与调研意义 171

1.3 调研范围、对象和方法 172

1.4 相关概念界定 173

1.5 技术路线 173

第2章 现状调研与分析 175

2.1 公园卫生间现状 175

2.2 人群构成 178

第3章 不同人群的需求和困扰 182

3.1 不同人群的生理需求 182

3.2 不同人群的心理需求 182

3.3 不同人群的困扰 183

第4章 调查结论与建议 190

4.1 调研结论 190

4.2 调研建议 191

4.3 推广应用 193

参考文献 194

附录1 195

附录2 197

参考文献 **199**

上篇
城乡空间社会调查的原理方法

第1章

城乡空间社会调查的基本认知

1.1 城乡空间的概念及辨析

1.1.1 城乡空间的演变

城乡空间的概念是对社会空间概念的进一步区分和细化,用以研究城市和乡村空间构成和空间关系的调查研究,是城市和乡村社会地理和人文地理研究中最有影响力的组成部分。城乡空间是包括城乡基础设施建设及人们物质生活的实体空间,体现城乡经济、人文社会生活等非物质形态和相互关系在物质空间上折射的分异与结构,反映了人口、宗教、历史文化和生态等多方面内容。

根据对历史上城乡建设发展的综合研究,结合发展经济学的研究成果,与经济、人口、社会、政治、文化、工业化过程等做比较后发现,西方各大文明区域国家的城乡空间发展大体上都经历了以下五个时期:

第一时期:城乡空间共生时期。从城乡空间关系起源到13世纪,经历了3 000-4 000年。

第二时期:城乡空间分离时期。从13世纪到17世纪末18世纪初的工业革命之始,经历了500多年。公元10世纪以后,西方开始萌芽城市革命。自治城市是近代市场经济走向崛起的历史原点。

第三时期:城乡空间对立时期。从17世纪末18世纪初的工业革命之始到19世纪末20世纪初的工业经济起飞阶段,西方国家大约经历了200年的时间。

第四时期:城乡空间平等发展时期。这是国家经济高速发展时期,从19世纪末20世纪初到20世纪70年代,西方国家大约经历了半个多世纪。

第五时期:城乡空间融合发展时期。这时,国家经济进入持续协调稳定的可持续发展时期，是由工业经济高级阶段向知识经济的发展时期。

中华人民共和国成立之后，土地被收为国有，城乡的一切开发建设都被视作政府行为。而从苏联引进的计划经济体制，包括住房分配制度，则通过"单位"这个空间社会综合体展现出来。后来市场机制被引进，计划经济体制开始解体，原有单位和新兴房地产开发居住区便一起重塑城乡社会空间新秩序。随着我国经济的发展，城市和乡村生活的各个方面都发生了天翻地覆的变化，从而使得我国城乡社会空间结构出现了一些变化。

1. 社会经济地位成为城乡社会空间分化的重要因素

经济发展使生活在城市和乡村的人们之间的收入差距开始显现且逐渐拉大，从而使原来以职业差别为主要特征的城乡居民间出现了以收入差距为基础的社会经济地位的分化。住房制度的改革和房地产业的发展必然使这种社会经济地位分化体现在居住的地域分异上。较高社会阶层的人们多选择居住区位、居住条件和居住环境较好的高级住宅区和别墅区，而较低社会阶层的人们多居住在旧住宅和新建的经济适用住房。表现在区位上，高收入者多居住在城市中心及周围地带的高级住宅区或城郊别墅区，较低收入者则大多居住在旧城区未经改造的旧住宅或城市边缘及近郊工业区周围的经济适用住宅中。从长远来看，高收入阶层居住区位的郊区化倾向将越来越明显。

2. 家庭结构因素的影响日益突出

家庭结构是指居民家庭的人口规模、户代际数、婚姻状况、性别和年龄构成等。不同家庭结构的居民家庭在住宅需求的类型和区位选择上有明显差别。随着住房制度的改革和房地产业的发展，这种在原有条件下基本上得不到体现的差别日渐体现出来，如人口多的大家庭由于需要居室多、面积大的住房，多选择房价相对较低的城市边缘区，但随着我国家庭小型化趋势的出现，这种情况并不多见，实际上选择此区位的多为经济能力有限的较低收入者。中年有子女家庭由于考虑到子女就学和娱乐等因素，倾向于选择学校、游乐设施配套较完整的地段居住。老年家庭由于子女成家迁居，对住宅面积需求减小，出于生活方便和避免孤独的考虑，多选择闹市区附近居住。可以预见的是，家庭生命周期的更替而出现的家庭结构变化，会引起居民家庭对住宅类型和居住区位的调整，从而影响城乡社会空间结构。

3. 民族聚居区和籍贯聚居区开始出现

我国农村经济体制改革产生的大量农业剩余劳动力急于找到就业门路，城市户籍管理制度的变化为城乡人口流动提供了条件，大量农业人口涌入城市，城市人口在不同城市间也有流动。这些来自不同民族和籍贯地的城市外来人口出于安全、互助、文化认同等原因，产生同民族、同乡聚居的倾向，从而在城市中形成民族聚居区和籍贯聚居区，如北京的"浙江村"（温州人聚居区）、"新疆村"（维吾尔族聚居区）等，其在区位上多位于城郊接合部。

4. 城市行政管理机构逐渐取代单位在城乡社会空间结构中的重要地位

随着住房制度向社会化、商品化方向的改革，单位职工的居住地域逐渐分散化，不再局限于单位所在的地域范围内，从而使单位在城乡社会生活管理中的作用有所下降，并逐渐让位于城市行政管理机构（街道办事处、居民委员会等），最终将形成一个以街—居行政体系为基本构架的城乡社会空间结构。

1.1.2　城乡空间结构的构成

城乡空间结构的基本要素包括人，以及人所从事的经济活动和社会活动在空间上的表现，其本质特征是作为一种综合性的空间形式而存在。因此，城乡社会空间结构可定义为：在一定的经济、社会背景和基本发展动力下，综合了人口变化、经济职能的分布变化以及社会空间类型等要素而形成的复合性城乡地域形式。考虑到社会空间分异的特点，城乡社会空间通常包括城市、乡村和城乡接合区域。

城乡社会空间结构从根本上讲是由城市和乡村的社会分化所形成的，这种社会分化是在工业化和现代化的大背景下产生的，包括人们的社会地位、经济收入、生活方式、消费类型以及居住条件等方面的分化，其在地域空间上最直接的体现是居住区的地域分异。由于居住地在人们社会生活中所起的重要作用，居住的地域分异直接促成了城乡社会空间的分异，而居住的地域分异格局也反映了城乡社会空间的结构特征。因此，可以这样认为，对居住区地域分异特征及其导致因素的分析是研究城乡社会空间结构的核心。

1.1.3　社会阶层与社会空间的结构特征

1. 社会阶层的结构特征

社会阶层是指建立在法律或规则和结构基础上的、已经制度化的比较持久稳定的社会不平等体系。当社会不平等已经形成为结构或制度化以后，才会出现社会阶层，当制度化以后，社会不平等就会在社会活动中不断地被生产出来。社会阶层有以下三种基本类型：

（1）阶级内部的社会阶层。这种社会阶层与社会阶级的关系是种属关系。同一阶级的人从他们占有特定的生产资料的关系这一点上说，是没有差别的，但他们在拥有财产的数量上是有差别的，甚至有很大差别。由于经济上存在差别，他们在政治上、思想上和社会地位上也必然存在差别。这些差别使同一阶级的人呈现出若干阶层。阶层之间的斗争对社会发展要产生一定的影响，但它的作用不能与阶级斗争相提并论。阶层之间的对立和斗争从属于阶级之间的斗争，当一个阶级的利益受到另一个阶级威胁时，同一阶级的各阶层的人们就会联合起来一致对外。

（2）与社会阶级并列而其成员又分属于各个不同阶级的社会阶层。这种社会阶层与社会阶级是交叉关系，如旧中国的知识分子一方面是由具有相同的劳动性质、收入来源、心理状态和生活方式的人们组成的社会集团，他们不是一个独立性的社会阶级，而是与社会阶级并列的并具有相对独立地位的社会阶层。另一方面他们中的每一个人都打上了阶级的烙印，分属于不同的阶级，他们中的大多数属于资产阶级和小资产阶级，也有相当一部分的人属于工人阶级，这种与社会阶级并列而其成员又分属于不同的社会阶级的社会阶层，是一个特定的历史现象。

（3）与社会阶级相联系但又独立于社会阶级之外的社会阶层。这种社会阶层与社会阶级的关系是边缘（临界）式的并列关系。如我国社会主义新时期的个体劳动者，他们与工农两个基本阶级相联系而存在，但又不属于这两个基本阶级，是一个社会阶层。

2. 社会空间的结构特征

通过对我国部分城市和乡村的实际分析，并结合上述部分结论，我们可以得出我国城乡社会空间结构的基本特征。尽管随着改革开放的不断深入，我国社会空间格局出现了一些新的趋势，但其在较短时期内仍难有根本性的变化，并将对以后的城乡社会空间结构产生较大的影响。我国城乡社会空间结构的基本特征如下：

（1）以城市功能区布局为基础形成了城乡社会空间分异的基本构架。如工业区形成工人居住区，行政区形成公务员居住区，科研文教区形成知识分子居住区，大型港口、枢纽车站附近形成交通业从业者居住区，部分城市的新开发区则形成了以移民为主的居住区。各种类型的居住区即不同类型的社会区。生活在不同居住区中的人们具有不同的职业特征、生活方式、文化理念等。当然，城市中的各种功能区只是反映了其最主要的功能，并不是纯之又纯的，还包括其他一些次要的附属配套的功能，如工业区中仍然有行政机构、中小学、商业服务设施等。因此，一个社会区域中的人口并不完全是同质的，如一个以工人为主的社会区域中仍然可能有少部分知识分子、公务员等，但这种少量的异质人口被占主流的同质人口所涵盖，难以体现出自身的特征。

（2）功能混合的旧城区或规模较小的城市形成一种混合的社会空间结构。在我国多数大城市中，均存在一些未经改造或改造不够的旧城区，功能混合是其最大的特点，商业、工业、行政、文教等各种功能混合在一起，不能体现出其主体功能。功能的混合往往产生居住的混合，各种职业和文化背景的人们混居在一起，社会空间分异不明显，形成一种混合的社会空间结构。此外，一些规模较小的城市由于不足以产生功能的地域分异，也形成一种混合社会空间结构。

（3）单位在我国城乡社会空间结构中扮演着重要角色。单位作为我国城市独特的一种地域组织形式，其在城乡社会空间结构的形成中占有重要地位。在一个相对完整的地域中，相邻的若干单位往往形成一个社区或社会区，而对某些人口规模较大又占据较大地域空间的单位而言，其本身就形成一个社区甚至社会区（如大型联合企业）。

1.1.4　空间隔离与空间分异

1.1.4.1　空间隔离与形成原因

当代城乡社会分层和流动，必然会形成城乡社会的空间隔离，也就是说，空间隔离是一个普遍存在的社会现象。它是城市中少数群体在空间分布上与其他群体有意或无意地分离，并形成具有本群体文化与价值观的聚居区的过程。

1. 外部因素

外部因素造成的隔离包括城市原住民或者主流群体采取过度的地域保护和排外导致的隔离；公共资源歧视导致的隔离，如移民和少数群体在公共资源的获取方面常常居于劣势；少数群体日益集中到质量低劣的住房区，生活空间狭窄化，自然形成了居住隔离区；少数群体向低层次职业结构集中，生活质量下降；隔离状态通过家庭进行代际传递并被固化，进一步加剧隔离。

2. 内部因素

造成隔离的内部因素主要是集聚。

（1）集聚的防御目的：少数群体在面对新环境、主流文化的威胁、歧视政策时需要集中起来应对外部威胁；

（2）集聚的相互支持功能：少数群体发展出非正式的自助网络和福利组织，为本群体成员提供物质和社会双重支持，形成相互支持的避难所；

（3）集聚的文化保护功能：少数群体以集聚来保护并促进独特的文化遗产，以保持自己的群体认同；

（4）集聚的攻击功能：少数群体通过成员的空间集中为本群体参与大众社会的斗争行为提供基地——抵抗空间并进入城市的政治体系。

1.1.4.2 空间的隔离形式

城乡社会空间有以下几种隔离形式：

1. 贫困空间

贫困空间是指由贫困阶层构成的与外部呈现相对隔离状态的城乡社会空间。在我国社会转型的特殊时期，贫困阶层主要由下岗和失业人员构成，主要包括原属国有和集体企业的职工因企业陷入困境而失业或下岗待业的人员及其家属；因个人素质低、竞争能力差而无法找到工作的待业者；难以承受物价持续上涨的低收入者；商海竞争中的失败者、天灾人祸造成的贫困者、单亲家庭中的成员、从事不法行为乃至判刑的人员及家属，以及无稳定工作的进城农民工等。其中，部分"双停"企业职工由于多年停发或减发工资，基本生活来源面临断绝的危险，成为贫困阶层的主体。在空间上，贫困阶层主要分布在旧城区、城市中心边缘区和城郊区等，这些区域的共同特点是基础设施不健全、房屋租金低和非正规经济繁荣等。

2. 新贵空间

新贵空间是指由权力阶层和新富裕阶层构成的城乡空间。当代中国的新富裕阶层大多生于20世纪六七十年代，并拥有前代人难以想象的财富。他们普遍接受过高等教育，并热衷于追逐经济改革的大潮。但他们同样"鱼龙混杂"，如他们的受教育水平往往参差不齐，他们的财富或源于体制，或源于市场，也有的很难说清楚财产的来源。

3. 新移民空间

"新移民"指的是由农村迁居城市的移民群体。历史上，他们也曾被称为"盲流""流动人口""外来人口""暂住人口"和"农民工"等，似乎这一群体注定会是城市的"外来者"，并必将重新离开城市回到他们各自的家乡。虽然很多此类居民确实选择了回乡或者另投他方，但其中也有大量的群体在城市留驻下来，成为城市移民群体的一员，并构建起各式各样的移民社区，此类社区被定义为"新移民社区"。

4. 全球化空间

20世纪后半期以来，新国际劳动分工、技术科技革命以及现代交通技术的飞跃发展不断加快全球化的步伐，以跨国公司为主体的经济流成为世界经济发展的主题。全球城市作为跨国经济网络的重要节点，不仅吸引了跨国精英阶层，还有从事低收入工作的难民和流亡者。因工作调动或为寻找商机，外国人在中国城市的聚集现象越来越明显，在空间上形成的集聚区域被称为"城市全球化空间"。随着中国与世界的合作进一步加深，在中国的外国人也随之增加。外籍居民在中国所形成的城市全球化空间已成为社会关注的焦点之一。

1.1.4.3　空间分异的动因

随着城市经济结构与消费结构的转型，城市中同一阶层的人们在居住和活动空间上日益体现出同质性，具有特定特征和文化的人群聚集、活动在不同的空间范围内，整个城市形成一种居住和生活活动分化甚至相互隔离的状况，这一现象称为"社会空间分异"。

空间分异体现各阶层社会地位、经济收入、权力资源、文化价值的差异程度，同时也反映出政府和社会对待贫困人口、少数民族、外来移民的基本态度和政策安排。空间分异主要包括三个因素：经济社会地位、种族和生活方式。

1．经济社会地位

由于人们的教育水平、职业和收入状况等方面存在差异，不同的人具有差异化的社会身份，进而以经济组织和社会结构为基础，产生经济社会地位。经济社会地位是婚姻、社会化过程以及社会隔离产生的基础，如新中国成立前北京有"东富西贵，南贫北贱"一说，这体现了一种封建时期的空间布局，即达官贵人和老百姓的居住隔离。

当代中国城市居民的收入差异逐渐凸显，城乡社会阶层日益分化，居民的社会经济地位成为其社会阶层分化的主导因素，城乡社会空间是城乡社会"等级结构"在城乡空间上的外在表现，因此，中国城乡社会阶层的分化是社会空间分异的前提。由于总体消费水平低，中国福利分房时代的社会空间分异程度较小，然而市场经济体制改革加剧了社会空间分异。住房的价格门槛使同类收入水平的社会阶层和群体聚居在一起，居民的经济收入成为城乡社会空间分异的主要因素。同时，住宅的商品化和市场化促进了城乡居住空间基于经济和权力地位的分化。最终，迁居流动和逐渐成熟的住房市场促进了不同阶层之间的居住隔离，不断进行的空间筛选形成了不同类型的居住区，它们既包括"残余化的"单位大院、外来人口聚居地和保障性住房，也包括普通商品房、豪华公寓和别墅。

2．种族

种族又称人种，是指在体质形态上具有某些共同遗传特征的人群。"种族"这一概念以及种族的划分是极具争议性的课题，在不同的时代和不同的文化中均存在差异。同时，种族的概念涉及诸如社会认同感及民族主义等其他范畴。不同群体之间由于人种、宗教、国家和文化等特征而形成种族差异，如非洲人、中国人、印度人、犹太人、墨西哥人、越南人等。这些种族群体在空间上集聚从而形成了族裔社区，北美的族裔社区位于郊区的居住和商业区域。族裔社区的形成是一系列因素共同作用的结果，包括国际政治、全球经济、国家政治的变化以及一系列城市环境的改变等。族裔社区与全球主流的经济之间有着广泛的外部联系，这也使得族裔社区的居民有着较高的社会经济水平。

全球化人口的自由流动使得大量跨国移民在某些城市聚集，而他们所填补的将是低端劳动力市场与服务业，以此维系整个城市的运行与再生产。如在纽约中央公园，每天下午都可以看到大量带着白人小孩游嬉的黑人保姆；多数纽约的售货员、服务员均为拉美裔移民。随着中国全面融入全球化，跨国移民区（如北京海淀区五道口和"望京新城"一带的韩国人聚居区、上海古北虹桥和浦东的欧美高级白领聚居的"国际社区"、广州小北路和广园西路一带非洲客商聚居的"巧克力城"等）也在中国的城市大量出现。

3. 生活方式

不同的阶层、家庭类型和种族，其形成的生活方式也是多种多样的。具有相同或相似生活方式的人们常聚集在一起由此形成了城乡社会空间（如老龄化社区、蚁族社区等）。生活方式影响着人们居住迁移的决策。如美国有三种典型的城市生活方式：

（1）家庭至上主义者——人们以家庭为中心，更希望化费更多的时间跟自己的孩子在一起，他们的生活方式决定了居住环境倾向，靠近学校、具有可游玩的公园、远离喧闹的城市中心等。

（2）事业至上主义者——他们倾向于选择那些有名的居住环境，交通便利，靠近工作地或者是交通节点。

（3）消费主义者——倾向于选择居住在城市中心区，靠近俱乐部、剧院、美术馆和餐馆等具有便利的服务和健康娱乐设施的地方。

1.1.4.4 空间分异的模式

空间分异的模式与城乡社会空间结构相关，如20世纪50年代开始的社会区分析发现，集同心圆、扇形和多核心为一体的模式在北美城市中具有普遍性。北美城乡社会空间模式普遍表现为不同类型的家庭呈同心圆状分布，不同社会经济阶层的居住呈扇形分布，少数民族倾向于集中在城市某个特定区域，三者叠加而形成城乡社会空间的复合结构。然而，这种模式并不完全适用于英国和澳大利亚等发达国家。在拉美等发展中国家，往往形成"反向同心圆"的结构模式。

居住分异的模式还可以通过两种主要形式来评估，即空间的隔离和空间的集聚。空间的隔离用于描绘一个群体在空间分布上过于积聚某些单元（如某一个或某一些社区），所占比例偏大，而在其他单元所占的比例则偏小。可见，隔离与尺度密切相关，在一个空间尺度上的隔离并不一定意味着这一群体在其他尺度上也处于隔离状态。空间分布的不均匀度越大，空间隔离的程度就越大。空间的集聚是指某一群体在选择居住的邻里时，在众多的群体代表中选择最为合适的邻里，从而形成空间上的集聚。

当代中国由于市场化改革和对外开放，城市正处于转型时期，多样复杂的新社会空间类型正不断出现：新城市贫困空间、新富空间、新移民空间、"国际化"空间、"城中村"等，总体表现为一种特别的"中国式社会空间"，它兼具多元、异质、高密度、弹性变化以及某种程度的过渡性。认同的选择带来社会空间的"再边界化"，无论是北京富人的门禁社区，还是南京下岗工人或外来工聚居的贫困社区，或是广州的"城中村"与小北路黑人社区，均体现出新型社会空间的出现。在此背景下，城市空间进入无休止地分异和重构状态：拥有最大选择能力的人开始迁往郊区（如广州的华南板块）或中心城区的"绅士化"地区（如上海新天地），具有有限选择能力的人则在城市旧改的浪潮中被迁往远郊或进入政府的经济适用房社区或者安居工程小区，而选择能力最为有限的外来工或流动人口则或是住在厂区，或是进入"城中村"和"房中房"聚居。

1.2　城乡空间的社会调查

1.2.1　城乡空间社会调查的产生与类型

1.2.1.1　城乡空间社会调查的定义和特征

城乡空间社会调查是指有目的、有意识地对城乡生活中的各种社会要素、社会现象和社会问题进行考察、了解、分析和研究，以认识社会现象和社会问题的本质及其发展规律，进而为科学开展城乡规划的研究、设计、实施和管理等提供重要依据的一种自觉认识活动。城乡空间社会调查的基本概念，可以从以下几个方面进行理解：

1. 一项城乡规划的基础性工作内容

与城乡规划相关的任何研究，设计、实施和管理等工作和活动都离不开城乡规划的社会调查工作，其调查研究的成果是城乡规划设计、决策及管理的重要前提和依据。

2. 一项科学认识和研究活动

城乡空间社会调查是针对城市和乡村生活中的各种社会现象，发现问题、分析问题、研究问题，进而寻求改造城乡社会、建设城乡社会的途径、方法的一种科学认识方法和科学研究活动。社会调查不仅要研究以人和人群共同体为重点的各种社会要素和社会现象，而且要重点研究以城市生产和生活方式为基础的城乡社会结构，尤其是要重点研究对城乡系统的整体本质和整体功能具有决定作用的城乡总体联系、总体协调和总体控制有关的各种社会问题。如我国当前在加速城市化进程中所不断涌现的各种如贫富差距、环境恶化、资源枯竭、失业、犯罪、乡村人才流失、空巢老人、留守儿童等城乡社会问题，都可以借助于城乡空间社会调查的方法和技术手段进行分析研究，并通过及时、合理、具体的城乡规划及管理政策等予以解决。

3. 一种城乡规划和策划方法

凡事预则立，不预则废。进行城乡建设活动应首先进行城乡规划，而开展城乡规划及管理工作同样也要开展"规划或策划"，这种"规划或策划"的方法包含着城乡规划的社会调查工作。城乡空间社会调查是一种科学的工作方法。它以城乡规划相关理论和社会调查学理论方法作为指导，具体推动城乡规划工作的有效开展和城乡规划学科的发展进步。城乡空间社会调查工作在完成对社会现象和社会问题的调查、分析、研究及解决的同时，也对城乡规划自身的工作方法、理论和技术手段提出新的要求，进而推动城乡规划学科的发展进步。

4. 一条促进城乡规划的公众参与得以实现的根本途径

城乡规划是一项社会运动或者社会活动，城乡规划不是城乡规划技术人员的专利，不是政府部门的专利，而是由公众、政府与规划技术人员相互结合，形成的公共政策。作为一项公共政策，广泛、深入的公众参与是城乡规划科学性的重要保证，公众参与的有效方式主要包括深度访谈、问卷调查、规划展示、公众听证会（座谈会）、专题系列讲座等，而这些有效的公众参与方式在很大程度上就是城乡规划的社会调查工作内容。

1.2.1.2 城乡空间社会调查的基本类型

在城乡空间社会调查中，调查对象是获取研究资料的主要来源。由于调查研究的目的、内容、要求、调查对象、调查范围、调查研究的阶段等多方面存在差异，城乡空间社会调查的类型不同，具体所采取的调查方法也不同。可以从不同角度、按照不同标准对城乡空间社会调查进行划分，从而形成各种不同类型。每一种类型的城乡空间社会调查都具有自身的特点和各自的优缺点，它们在调查方式、方法、程序、适用范围等也有所不同。

依据调查对象的不同，城乡空间社会调查划分为普遍调查、典型调查、个案调查、重点调查、抽样调查等不同类型。其中，抽样调查是组织最为严谨的一种调查方式，也是目前发展最为迅速、应用最为广泛的一种城乡社会调查类型。由于抽样就是选择观察对象的过程，即如何通过选择一小部分区域进行研究，并将结论推及全国各地的城市和乡村，这样更有利于在较短的时间内高效率地全面掌握城乡社会问题或本质内涵。

1. 广义的划分

城乡空间社会调查在广义上可以分为"走马观花"和"下马看花"两种基本类型。所谓"走马观花"，比喻对事物做匆忙、粗浅的了解，即到基层走走、看看、听听、问问、议议。如城乡规划师在进行重大项目的规划设计之前可以选择国内外的成功案例进行实地的参观考察和学习，各地规划管理部门之间的访问交流，大学生利用节假日进行的文化、科技、卫生"三下乡"社会实践活动等，都属于"走马观花"的社会调查形式。"下马看花"具体是指有计划、有目的地进行系统周密的调查和研究。调查前要进行周密策划，调查时要采取科学方法，调查后要对资料进行鉴别、整理和分析研究，最后要形成调查报告的最终成果。

2. 按照城乡空间的工作内容划分

按照城乡空间的工作内容划分，城乡空间社会调查可以分为以下类型：①从属于城乡空间理论研究的城乡空间社会调查。社会调查研究的过程，既是了解真实情况的过程，又是概念、判断的形成过程和推理过程。当今世界上各种城乡空间理论的形成和发展，都是这些理论的创始人和继承者在社会实践的基础上进行大量调查研究的结果。②从属于城乡空间编制的社会调查。这一类型的社会调查工作实际上就是收集规划对象或规划区域的各种社会、经济、历史和环境等资料，为城乡项目的规划与设计提供参考和依据的一项工作。从城乡规划与设计的实际工作情况来看，不少规划人员未能认识到社会调查工作的重要性，所做出的不少规划方案或者不符合实际，好看不好用，或者反复修改，浪费了人力物力。也有的规划人员在规划设计过程中仅仅把社会调查工作当作过场，搞形式主义，因此也就缺少对社会调查工作的预先策划、科学组织和结论研究，这将直接导致规划方案可操作性的缺失。③从属于城乡规划决策及管理的社会调查。城乡规划制定、实施和调整过程中很多问题的决策，涉及近期利益与长远利益、局部利益与全局利益等重大关系，必须在充分的调查研究基础上进行科学决策。④从属于城乡规划公众参与的社会调查。作为一项公共政策，规划应当也必须反映广大群众的欲望和呼声，但是由于价值观念、知识水平的差异，人民群众很难直接参与城乡规划的具体工作，这就需要一定的城乡规划人员或社会调查人员（也可称为"赤脚规划师"）作为中介，进行城乡规划的民意、愿望上传和方针、政策下达。

3. 按照社会调查的对象划分

按照社会调查的对象划分，城乡空间社会调查可以分为全面调查和非全面调查。全面调查又可称为普遍调查或普查，是指对调查对象总体的全部成员逐一进行调查。非全面调查是指对调查对象总体中的一部分进行调查，采用的调查方法包括问卷调查法、文献调查法、访谈调查法、实地调查法、网络收集法和新数据收集法等。问卷调查法、文献调查法、访谈调查法、实地调查法、网络收集法和新数据收集法等知识内容将在第 3 章进行详细介绍。

4. 按照社会调查的目的划分

按照社会调查的目的划分，城乡空间社会调查可以分为应用性社会调查和学术性社会调查。应用性社会调查是指为解决当前实际工作中存在的某些具体问题而进行的调查。学术性社会调查是指以学术研究为主要目的而进行的调查，旨在解答城乡空间各领域中的理论问题，如关于城镇化发展的社会调查、城乡一体化调查等。这种调查不是为了解决当时、当地的具体问题，而是要通过社会调查，来解答城乡空间各领域中的理论问题。

5. 按照社会调查的内容划分

按照社会调查的内容划分，城乡空间社会调查可以分为综合性调查和专题性调查。综合性调查内容比较丰富、广泛，如为全面了解某一乡村的基本情况所开展的经济、人口等的综合调查，编制城乡总体规划之前对乡村交通、建筑、市政、环境、产业等多方面所进行的全面调查等。专题性调查内容比较专一、集中，如城乡交通专项调查、城市工业用地专题调查、城市文化建设专题调查等。

6. 按照社会调查的时间划分

按照社会调查的时间划分，城乡空间社会调查可以分为一次性调查、经常性调查和追踪调查。①一次性调查是指只进行一次的调查，某一具体问题得到解决之后就不再进行调查了。②经常性调查包括周期性调查、阶段性调查和不定期调查等。③追踪调查是指在不同时期对同一调查对象进行的连续调查，可以分为周期性追踪调查和不定期追踪调查两种。

从城乡空间社会调查的知识体系的构成上看，城乡空间社会调查目前的情况主要有两类基本的认识。其中，一类认识是通常将问卷法、访谈法、观察法、实验法、文献法等并列作为城乡空间社会调查中收集资料的几种方法，即将城乡空间社会调查方法等同于社会研究方法，认为城乡空间社会调查方法与社会研究方法是一致的，只是所用的名称不同而已。另一类认识则是将城乡空间社会调查看作社会研究方法中的一种基本方式，社会研究方法中包含着社会调查方法，而社会调查中所指的资料收集方法，仅有问卷法和访谈法等。

1.2.1.3　城乡空间社会调查的优缺点分析

1. 城乡空间社会调查的优点

（1）方法性。城乡空间社会调查的方法性使城乡空间社会调查更灵活，更有生命力。方法一般可以分为认识方法和工作方法两大类，城乡规划社会调查主要是一种认识方法，同时也是一种工作方法。城乡空间社会调查以重要的理论基础作为指导思想，但其重在方法，它是为城乡规划的理论研究、政策研究等提供手段和工具的方法性科学。方法性的特点决定了城乡空间社会调查活动的灵活性，在采取不同的方法和技术手段进行社会调查的具体过程中，城乡空间社会调查的方法和技术手段也在实践运用中得到比较、检验、调整，获得完善和发展，从而保持其旺盛的生命力。

（2）实践性。城乡空间社会调查的实践性使城乡空间社会调查更现实，服务于现实社会。城乡空间社会调查的实践性是指在社会调查的整个过程中离不开人的实践活动，社会调查必须要深入实际的社会生活，从社会生活中直接获取第一手资料，社会调查的研究课题往往来自现实社会，其研究结果又是为了服务现实社会，因此城乡空间社会调查具有鲜明的现实性，社会调查的方法和技术也具有极强的操作性，实践性决定了城乡空间社会调查活动必须坚持理论和实践相结合的原则，深入现实生活开展工作。

（3）综合性。城乡空间社会调查的综合性主要体现在以下三个方面：①城乡空间社会调查的研究视野具有综合性，社会调查研究总是放开视野、综观全局的，即使是研究社会生活中的具体现象，也应注重从该现象与其他现象的相互关系中去把握它和认识它，因为任何孤立的、片面的认识事物方法都不是城乡空间社会调查的正确方法。②城乡空间社会调查在运用知识方面具有综合性，城乡空间社会调查不仅涉及城乡规划单学科的知识，而且涉及哲学、社会学、经济学、政治学、心理学、新闻学、统计学、逻辑学、计算机科学、写作知识等多学科、多领域的知识。③城乡空间社会调查在研究方法上具有多样性，城乡空间社会调查可以运用普遍调查、典型调查、个案调查、重点调查、抽样调查等多种类型，以及文献调查法、实地观察法、访问调查法、集体访谈法、问卷调查法等各种具体方法，以及绘图、录音、摄像、计算机处理、统计分析等多种技术手段。

2．城乡空间社会调查的缺点

在当前城市发展转型期下，城乡社会问题凸显，引起城乡规划和设计的重视。在我国高校社会实践调查课等专门课程，主要教学方式为讲座授课或暑期实践。此类课程重点关注城乡社会问题及现象，后续的知识面广，但较少涉及城市物质空间环境部分。

同时，规划设计课程是当前高校城乡规划专业培养课程体系中的重要环节，以空间设计为载体，训练学生综合运用系统知识的能力。然而，城乡空间社会调查与规划设计课程的结合较为薄弱，社会调查环节在规划设计课程中的角色、目的、训练重点等均较为模糊。

我国现行规划设计课程教学的特点是选择相应题目和城市地段，完成若干要求的空间设计图纸。其关注重点集中在建成环境、城市空间、功能布局、建筑设计等方面。虽然在整个设计课教学流程安排中，均有前期的调研部分，但更关注于地段现状调查，忽略社会问题的分析和城市现象的研究，前期调研和后期设计存在落差。

规划设计课程限制社会调查环节发挥有效作用的原因主要集中在两个方面：首先，规划设计课程以物质空间环境设计为主，留给社会调查环节时间有限；其次，在有限时间内，学生对于做哪些方面的社会调查、如何做社会调查、做了之后又如何指导下一步设计等缺乏引导，容易面面俱到，忽略重点。

要发挥社会调查在城乡规划中的高效作用，重点需要解决以下难题：

（1）社会调查选题如何呼应设计导向，选题设置更具针对性。

（2）社会调查过程如何与空间相结合，调研方式更高效。

（3）社会调查分析如何在有限时间里引发深入思考，有效指导下一步空间设计。

1.2.2　城乡空间社会调查的发展

1. 社会调查在西方的发展

社会调查在西方的发展主要包括三种类型：行政性社会调查、学术性社会调查和应用性社会调查。行政性社会调查主要是政府或议会为了有效管理国家和社会而进行的调查，如英国和法国自 1801 年开始的定期人口普查，比利时的犯罪调查，德国的家计调查等。学术性社会调查主要是统计学、经济学、社会学等方面的学者为了进行学术研究而做的社会调查，如比利时的数理统计学创始人亚道尔夫·凯特勒（1796—1874）所做的人口调查和犯罪调查，法国经济学家弗雷德里克·黎伯莱（1806—1882）为开展家计调查而做的《欧洲工人》，英国统计学家查理士·布思（1840—1916）为开展社区研究所做的《伦敦人民的生活和劳动》等。应用性社会调查则是由不同类型的调查主体根据各自需要而开展的社会调查，其具体又包括社会改良调查、民意调查和市场调查等。社会改良调查是一些社会改良家、慈善家或学者为改良某些社会问题而开展的调查，如英国慈善家约翰·霍华特（1726—1790）为改良监狱管理制度而进行社会调查所做的《英伦和威尔士的监狱情况以及外国监狱的初步观察和报告》。民意调查是一些报刊和调研机构为了解民意而进行的调查，如美国的《文学文摘》、日本大阪的《每日新闻》等机构都曾进行过民意调查，1935 年由乔治·盖洛普创办的"美国民意测验所"则是最为著名的民意测验机构。市场调查主要是一些企业、商业性调研机构和政府商贸部门为了解市场行情、预测市场变化而进行的调查，如美国柯蒂斯出版公司商业调查部经理派林对大量百货商店进行了访问调查，他所编写的《销售机会》则被推崇为市场调查的先驱。

2. 中国 20 世纪以来的社会调查

中国进入 20 世纪以后，随着帝国主义的入侵和西方科学文化的东进，西方发达国家的社会调查也逐渐传入中国，一批在中国任教的外籍教授、学者和传教士开始在中国运用近代方法进行社会调查，如美国传教士史密斯（1845—1932）对山东农民生活和农村状况进行广泛调查后发表了《中国乡村生活》的专著。上海沪江大学美籍教授古尔普于 1918—1919 年曾两次带领学生到广东潮州的凤凰村进行调查，并著有《华南乡村生活》一书等。

20 世纪 20 年代后，中国学者开始独立地进行社会调查，中国的社会调查活动也重新走向本土化。1926 年，中国学术界出现了两个著名的社会调查机构：一个是北京的由陶孟和、李景汉两位教授主持的中华教育文化基金董事会社会调查部，后改称为社会调查所；另一个是南京的由陈翰笙教授主持的"国立中央研究院"社会科学研究所社会学组。这期间比较著名的社会调查有陶孟和教授 1930 年的《北平生活费用之分析》，李景汉教授 1929 年的《北京郊外乡村家庭》和 1933 年的《定县社会概况调查》，陈翰笙教授 1930 年的《中国的地主和农民》和 1939 年的《工业资本和中国农民》等。李景汉教授在通过对定县以县为范围所进行的大型城乡空间社会调查之后，还出版了《实地城乡空间社会调查方法》一书。

中国共产党非常重视社会调查，中国共产党"从它一开始，就是一个以马克思列宁主义的理论为基础的党"，中国共产党人在革命实践的基础上，经过长期的、卓有成效的社会调查，最终完成了把马克思主义同中国革命的具体实践结合起来的伟大创举。党的十一届三中全会以后，党和国家的领导人反复强调实事求是、调查研究的极端重要性，社会各部门、各单位、各方面的人士开始广泛重视社会调查活动，中国的社会调查因此得到了迅速的发展。特别是在1978年以后，各级党政领导机关或部门单位等都组织了许多规模空前的社会调查，如全国规模的平反冤假错案调查，农业生产责任制调查，全国农业资源调查，工人阶级状况调查，第三、四、五次全国人口普查，全国工业普查，全国城镇房屋普查，全国残疾人抽样调查，全国第三产业调查等。这些内容丰富的社会调查，对于弄清中国国情和建设中国特色的社会主义等都起到很大的推动和促进作用。

3. 城乡空间社会调查的发展趋势

从社会发展的角度来看，随着世界范围内新的经济、政治、社会、文化和信息等的发展进步，城乡空间社会调查也面临着新的发展趋势。

（1）科学化。城乡空间社会调查的方法日益程序化、规范化、数量化和精确化，城乡空间社会调查方法变得越来越丰富，越来越科学。特别是法国社会学家迪尔凯姆（1858—1917）所创立的研究假设—经验检验—理论结论的实证程序，美国社会学家斯托福（1900—1960）和拉扎斯菲尔德（1901—1976）关于社会统计调查及变量关系分析方法的研究等，对城乡空间社会调查方法的规范化和定量研究等起到重大的推动作用。

（2）广泛化。城乡空间社会调查活动日益广泛化：城乡空间社会调查活动的主体日益扩散，城乡空间社会调查主体由国家、政府或专家学者逐渐扩展到党政群团、工农商学等各行业、各单位、每个实际工作者和理论工作者。城乡空间社会调查的内容也日益多样，现代社会生活的每一个领域如政治、经济、文化、科技等，以及人们生活的每一个方面，都已经成为城乡空间社会调查活动的重要研究内容。城乡空间社会调查的范围也日益扩大，现代城乡空间社会调查，尤其是抽样调查，往往在整个地区、整个部门，或者跨地区、跨部门，甚至在全国以至国际的范围内进行。

（3）现代化。近代以前的城乡空间社会调查，基本上采用手工方式进行，每次调查都是由调查者本人或以一个主持人为中心，带领一批助手亲自到现场进行观察或访问，记录资料、整理资料和分析资料的方式也大多是手工的。而在现代社会，随着科学技术的迅猛发展，照相机、录音机、绘图仪、电话、计算器、摄影机等新型工具在城乡空间社会调查中得以广泛应用，城乡空间社会调查的效率和质量因此得到了很大提高。电子计算机的普遍推广和信息网络技术的发展应用等，更促使城乡空间社会调查进入一个全新的发展阶段，以往的大规模抽样调查、难以计算的统计分析等，现在可以凭借计算机的高速运算而得到及时、准确的结果，整个城乡空间社会调查的工作程序、组织方式、标准化和规范化程度以及问卷设计、调查设计等都随之发生了深刻变化。这些共同促成了城乡空间社会调查的现代化发展趋势。

1.2.3　城乡空间社会调查的任务与功能

1.2.3.1　城乡空间社会调查的任务

城乡空间社会调查的根本任务在于揭示各种城乡社会事物、城乡社会现象和城乡社会问题的真相及其发展变化的规律性，并进而寻求改造城乡社会的途径和方法。由于城乡空间社会调查活动的具体目的不尽相同，其具体任务也有所侧重：有的侧重于反映客观社会事实；有的侧重于对城乡社会现象做出科学的解释，并探求其发展变化的规律性；有的则侧重于在探求城乡社会现象发展变化的规律性的基础上开展对策研究。

1. 认识任务——描述状况

了解和描述社会现象的状况，是人们对这一社会现象进行深入认识的基础。一些以了解国情和民意为主要目的的社会调查，如城镇普查、城乡规划民意调查、房地产市场调查等，都以客观地反映社会事实为主要任务。这些调查活动，必须收集调查对象的有关事实材料，并对这些材料进行去粗取精、去伪存真的加工整理，从而将调查对象的有关情况如实地再现出来，这就是城乡空间社会调查的认识任务。以描述状况为主要任务的社会调查，取得成功的关键在于社会调查所采用的调查方法要科学，社会调查者所持的态度和立场要客观，只有这样，才能够透过错综复杂的城乡社会表象，如实地揭示出它的本来面目。

2. 理论任务——解释原因

许多城乡空间社会调查活动，仅仅揭示社会事实真相还不够，还要在此基础上分析该社会现象产生的原因，揭示它的本质以及发展变化的规律性，这就是城乡空间社会调查的理论任务。它包括检验与修正原有的理论和提出新的理论两个方面。这类以科学解释城乡社会现象为主要任务的社会调查活动，除了要有科学的调查方法和客观的态度、立场以外，正确的理论指导在其中起着关键性的作用。只有用正确的理论做指导，才能对纷繁复杂的城乡社会现象做出正确的判断与解释，才能够透过城乡社会事物的表象正确地揭示城乡社会事物的本质及其发展变化规律。随着统计分析方法的进一步完善，社会调查在探究城乡社会现象之间关系及发展变化规律性方面的作用也将越来越大。

3. 实践任务——对策研究

有些城乡空间社会调查活动的任务，不仅要客观地反映城乡社会事实，探求城乡社会事物发展的内在规律性，而且要在此基础上做较系统的对策研究，这就是社会调查的实践任务。如城乡空间社会调查活动要为党和政府合理进行城乡发展预测、有效编制城乡规划、科学进行城乡规划决策以及制定城乡规划的具体管理政策措施等提供参考意见，为解决城乡社会问题和城乡发展问题提供对策等。这类以系统对策研究为主要任务的城乡空间社会调查除了科学的调查方法、客观的态度和立场、正确的理论指导以外，尤其要注意社会调查所提交的对策建议必须与调查材料以及调查结论有着合理的逻辑关系，同时要重视所提对策及政策建议的现实可操作性。

上述城乡空间社会调查的认识任务、理论任务和实践任务三项任务，是环环相扣、层层递进的，后一项任务必须在前一项任务完成的基础上才能顺利进行。也就是说，描述状况是解释原因和对策研究的基础，解释原因同时又是对策研究的基础。

1.2.3.2 城乡空间社会调查的功能

1. 科学进行城乡规划决策的重要依据

城乡规划决策是指决策主体针对城乡规划过程中已经发生、正在发展和将要发生的问题，收集信息、判断性质、选择方案、制定政策的活动过程。正确地制定政策和规划决策离不开社会调查，因为正确的政策应该以"现实"的事件，而不是以"可能"的事件为依据，要了解"现实"的事件，就必须进行社会调查。正确政策的制定、完善和实施过程，就是不断进行社会调查的过程，城乡规划的科学决策和科学管理的程序，包括目标阶段、信息阶段、设计阶段、评估阶段、选择阶段，执行阶段和回馈阶段等，都离不开社会信息的收集、处理和反馈，离不开针对具体的社会情况的调查研究。因此，城乡规划社会调查是城乡规划科学决策和科学管理的重要条件，离开了科学的社会调查就谈不上科学的决策和管理。

2. 高质量编制城乡规划方案的重要保证

城乡规划方案的编制是城乡规划工作的重要内容，高质量的城乡规划编制成果是高质量地建设好城乡和高水平地管理好城乡的重要前提和基础。而城乡规划的编制即规划设计涉及政治、社会、经济、地理、环境等多种制约因素，必须通过科学高效的社会调查工作，实地考察规划对象多方面的现状和特点，进行综合研究论证，才能为合理进行规划设计提供科学依据。没有深入广泛的社会调查工作作为保证，城乡规划设计成果或流于形式，或"好看不好用"，最终会导致"纸上画面、墙上挂挂、不如领导嘴里一句话"的结果。

3. 城乡规划公众参与及"动态调控"的基本手段

贯穿城乡规划全部理论、方法、方针、政策的核心理念，就是维护社会公众的利益。几十年来，在民主化潮流日益发展的情况下，公众参与城乡规划的论证、咨询和决策，已经越来越广泛和深入，逐渐成为城乡规划的一种重要方法。但是，由于个人角色及价值观念的差异，人们参与城乡规划的意见回馈大多集中于自己个人的得失判断和片面理解，其有关意见很难直接地为城乡规划设计及决策所用。为了更好地实现公众参与，可以灵活改变公众参与的具体形式，如培养一批具有一定的城乡规划知识背景和社会调查能力的人员。作为一种"中介"或"桥梁"，或者称其为"赤脚规划师"，通过他们的社会调查，将人民群众的个体意见搜集整理，科学地转变为能够有效地为城乡规划设计和决策等工作所利用的意见和建议。

城乡规划是一个动态变化的过程。在城乡规划的实施过程中，影响城乡建设和发展的各种因素总是不断发展变化的。对此，有些问题在城乡规划的制定阶段虽已经有所预料，但是应对措施不尽完善，有些则还没有预料到，城乡规划的实施必然会面对许多新情况、新问题。城乡规划在实施过程中做适当的局部调整，不仅是可能的，而且是需要的。在城乡规划实施中，必须通过社会调查的方法，坚持科学的态度，采取科学的方法，提出针对问题的切实可行的应对方案。只有科学认真的社会调查工作，真实地反映城乡规划实施工作所存在的具体矛盾和问题，才能保证规划调整，即城乡规划"动态调控"的严肃性、科学性和稳定性。

1.3　城乡空间社会调查的方法建构和程序

1.3.1　城乡空间社会调查的方法建构

城乡空间社会调查作为一种科学的规划方法和工作方法，关键在于城乡空间社会调查的正确立场、观点和方法，以及科学的途径、手段和程序。城乡空间社会调查不仅只是一种随意地收集和分析社会资料的认识活动，还是要依据一定的程序，运用特定的方法和手段，广泛收集和深入分析有关的社会事实材料，并对各种城市社会事物和城市社会现象做出正确的描述和解释。其方法体系主要包括三个层面：方法论、基本方法、程序和技术。

1. 方法论

方法论是关于人们认识世界和改造世界的根本方法的理论，是城乡空间社会调查方法体系中最高层次的方法，是指导人们如何有效地运用城乡空间社会调查的基本方法、程序和技术去认识事物的基本原则。城乡空间社会调查的方法论主要包括马克思主义哲学理论和方法、城乡规划理论与方法以及其他学科的理论和方法：①科学的社会调查应以马克思主义哲学理论和方法为指导，马克思主义的唯物辩证法是正确的世界观和科学的方法论的统一。唯物辩证法的根本点是一切从实际出发，理论联系实际，实事求是。城乡空间社会调查的过程，应当是一个反映客观城市社会事物的本来面目，透过现象看本质，用联系的观点、发展的观点分析客观事物的过程。城乡规划社会调查的结论应当能经受住实践的检验。马克思主义的唯物辩证法是社会调查方法论的核心，并为城乡空间社会调查工作提供了立场、观点和方法。在社会调查中，只有坚持唯物辩证法的观点，才能客观地、全面地、发展地、本质地考察一切社会现象。②城乡规划理论与方法以及其他学科的理论和方法，如逻辑方法、数学方法、系统方法、信息方法、控制方法和因果分析法等，是各种专门方法的概括和总结，在某种程度上是哲学方法的具体化和特殊化，在城乡空间社会调查中也具有方法论的意义。

2. 基本方法

基本方法是城乡空间社会调查中间层次的方法，是在城乡空间社会调查的某一阶段中使用的具体方法，主要包括调查资料的方法和研究资料的方法：①在调查阶段要使用的各种确定调查单位和搜集资料的方法比较繁多，主要包括普遍调查、典型调查、个案调查、重点调查、抽样调查等基本类型，以及文献调查法、实地观察法、访问调查法、集体访谈法、问卷调查法等。②在研究阶段使用的各种研究资料的方法，包括统计分析方法和理论分析方法。统计分析方法主要有单变量统计分析、双变量统计分析和多变量统计分析。理论分析方法主要有比较法和分类法、分析法和综合法、矛盾分析法、因果关系分析法、功能结构分析法等。一般来说，调查阶段使用的各种方法，其城乡规划学科的特征和个性比较明显，如实地观察中的调查图示方法是其他学科的社会调查活动较少使用的方法，而在研究阶段使用的方法因其所属学科非常广泛，是多种学科方法的交叉和汇合。

3．程序和技术

程序和技术是城乡空间社会调查中最低层次的方法，主要包括社会调查的一般程序和使用调查工具的各种技术。社会调查的一般程序是指社会调查全过程相互联系的行动顺序和具体步骤，一般可分为四个阶段，即准备阶段、调查阶段、研究阶段和总结阶段。每个阶段具有各自不同的任务。调查过程中所使用的调查工具及其技术包括很多：设计和使用提纲、问卷、卡片、表格的技术；使用记录、录音、录像工具的技术；整理资料的技术；使用计算机及相关软件的技术；撰写、评估调查报告的技术等。

城乡空间社会调查的方法论、基本方法、程序技术是相互联系、相互制约、有机地联系在一起的。每一项社会调查都必须在一定的方法论指导下，使用某些基本方法，利用适当的调查工具和技术，并按规定的程序进行。在整个方法体系中，方法论是基础和统帅，决定着调查研究的方向和价值，也决定着具体方法和技术的选择。而调查研究的具体实施有赖具体方法和技术的运用，具体方法和技术的发展变化又反过来促进方法论的发展变化。正是这三个层次在相互联系和相互制约中的不断发展和完善，才使得城乡空间社会调查方法构成一个严密的科学体系。

1.3.2　城乡空间社会调查的程序

按照城乡空间社会调查的过程和具体任务的不同，城乡空间社会调查的程序大致可以分为四个阶段，即准备阶段、调查阶段、研究阶段和总结阶段。

1．准备阶段

准备阶段是城乡空间社会调查的决策阶段，是社会调查工作的真正起点。准备阶段工作开展的好坏，直接影响整个社会调查的效果，因此必须舍得花大力气，认真做好这个阶段的工作。具体来说，这个阶段的主要任务包括选择调查研究课题，进行初步探索，提出研究假设，设计调查方案，以及组建调查队伍（调查小组）等。其中，正确选择调查研究课题是搞好社会调查工作的重要前提，认真进行初步探索、明确提出研究假设是做好设计和调查工作的必要条件，科学设计调查方案是社会调查工作成功的关键步骤，慎重组建调查队伍则是顺利完成调查任务的组织保证。

2．调查阶段

调查阶段是指按照调查设计的具体要求，采取适当的方法做好现场调查工作。这一阶段必须做好外部协调和内部协调工作：①外部协调主要包含两个方面：一是紧紧依靠被调查地区或单位的组织，努力争取他们的支持和帮助，尽可能在不影响或少影响他们正常工作的前提下，合理安排调查任务和调查工作进程；二是必须密切联系被调查的全部对象，努力争取他们的理解和合作，要学会尽可能与被调查者交朋友，决不做损害他们利益或感情的事情，决不介入他们的内部矛盾，并在可能的情况下给予他们必要的帮助。②内部协调主要是指在调查阶段的初期，应帮助调查人员尽快打开工作局面，注重调查人员的实战训练和调查工作的质量。在调查阶段的中期，应注意及时总结交流调查工作经验，及时发现和解决调查中出现的新情况、新问题，并采取有力措施促进后进单位或薄弱环节的工作，促进调查工作的平衡发展。在调查阶段的后期，应鼓励调查人员坚持把工作继续完成，对调查数据的质量进行严格检查和初步整理，以利于及时发现问题和做好补充调查工作。调查阶段是获取大量第一手资料的关键阶段，由于调查人员接触面广，工作量大，情况复杂，变化迅速，所以这一阶段的实际问题最多，指挥调度也最困难。

3. 研究阶段

研究阶段是城乡空间社会调查的深化、提高阶段，是从感性认识向理性认识转化的阶段。这一阶段的任务主要包括审查整理资料、统计分析和理论分析。①审查资料是指对社会调查的文字数据、数字数据和图片等进行全面复核，区别真假和精粗，消除资料中存在的假、错、缺、冗现象，以保证资料的真实、准确和完整。整理资料是指对资料进行初步加工，使之条理化、系统化，并以集中、简明的方式反映调查对象的总体状况。②统计分析是指运用统计学的原理和方法来研究社会现象的数量关系，借助电子计算机和统计软件等处理数据，揭示事物的发展规模、水平、结构和比例，说明事物的发展方向和速度等，为进一步理论分析提供准确、系统的数据。③理论分析就是运用形式逻辑和辩证逻辑的思维方法，以及城乡规划的科学理论和方法，对审查、整理后的文字数据和统计分析后的资料进行分析研究，得出理论性结论。

4. 总结阶段

总结阶段是城乡空间社会调查的最后阶段，是社会调查工作最终成果的形成阶段。总结阶段的主要任务是撰写调查报告、评估和总结调查工作。调查报告是调查研究成果的集中体现，是对社会调查工作质量及其成果的最重要总结。调查工作的评估和总结包括调查报告的评估、调查工作的总结和调查成果的应用等。总结阶段是社会调查工作服务于社会的阶段，对于深化对社会的认识、展示社会调查的成果、发挥社会调查的社会价值、提高调查研究者社会调查研究的水平和能力等都具有重要意义。

总之，城乡空间社会调查的上述四个阶段，是相互联系、相互交错在一起的，它们共同构成了城乡空间社会调查活动的完整工作过程，舍去任何一个阶段，社会调查工作都将无法顺利进行。当然，由于人们的认识行为遵循"实践认识—再实践—再认识"的形式循环往复前进，故而城乡空间社会调查也应该遵循"调查—研究—再调查—再研究"这样反复循环的过程。

第 2 章

城乡空间社会调查的选题设计

进行城乡空间社会调查，首先要解决的是"调查什么"的问题，这就是选题的问题。在讲述选题这一问题之前，应当首先正确认识课题（Topic）、论题（主题）（Theme）和题目（标题）（Title）这三个概念的区别：①课题不同于论题，课题通常是指城乡规划学科领域的一些科研项目，它的研究范围比论题大得多，如小城镇建设就是一个大课题，其中包含许多论题，如小城镇的风貌规划、小城镇的用地布局、小城镇的历史文化遗产保护等。②论题不同于题目，论题是社会调查研究的范围或方向。它属于内容要素，是社会调查研究的主题。题目则是准确地概括社会调查报告的一句话或一个词组，是根据调查报告的内容来确定的，它可以在调查报告写成后再拟订，也可以根据调查报告的内容灵活更换，具有较大的随意性，属于形式要素。全国高等院校城乡规划专业指导委员会2017—2018年城乡社会综合实践调研报告课程作业部分获奖作品选题统计见表2-1、表2-2。

表 2-1　2017 年城乡社会综合实践调研报告课程作业部分获奖作品选题

等级	2017 年
一等奖	昔日讲古 今日何在——厦门讲古角调查研究
	数字时代，报亭何新？——基于社会需求的报刊亭现状问题及个性化经营出路探索
二等奖	何处田园在云端——武汉市满春街定制屋顶绿化模式调查与研究
	"让爱无碍"——基于人群需求的福州公共场所母婴室现状调查
	留得乡景忆乡愁 不忘乡音传乡情——哈尔滨老道外声景调研报告
	"街里风情今何在？"——基于大数据视角的青岛市大鲍岛历史街区活力调研及优化策略
	"我的家就是你的家"——共享经济背景下苏州古城"互联网＋民宿"调查
	……
三等奖	增长机器抑或可持续社区？——深圳湖贝古村的生活空间与更新过程调查

等级	2017 年
三等奖	"碎片化"时间？"碎片化"消费！ ——哈尔滨"碎片化"消费现状调研及吸引力影响因子评价
	线上·线下——空巢青年交往行为及空间的调查研究
	"圾"善成德，而社区自得——垃圾收集及运输对社区生活环境影响调研
	"纸"日可待？！——合肥市实体书店生存状态调查分析
	同桌的你——基于社交网络的城市桌游店使用情况调查
	"地"有"锁"属？——基于老旧小区地锁安装问题的居民行为意识调研
	基于行为需求的复合街区公共空间可能性再塑
	既安居矣，能乐业否——重庆民心佳园保障房社区非正规就业群体职住现状调查
	从接送到目送—城市小学生安全上下学环境调查研究
	……

表 2-2　2018 年城乡社会综合实践调研报告课程作业部分获奖作品选题

等级	2018 年
一等奖	逃"知"有道——基于使用主体视角的城市应急避难场所适用性调查
	6 ㎡的包容——西安市流动摊贩就业空间调查
	见树又见林——"城市双修"视角下西安市友谊路林荫空间调查
	祖孙同行，有"所"乐？"情"何浓？ ——基于"老携幼"需求的社区公共空间现状调研及定制化模块探索
	"医"料之外——异地就医人群与收诊城市的双重负担调研
	闽韵悠悠，何以芳华——闽剧表演空间现状调查
二等奖	遛娃难！？——大连市学龄前儿童家庭周末活动空间现状调查研究
	火车不来之后——大连市废弃铁路再利用空间形成机制调查
	大隐隐于"室"——大连市"隐形商户"营业情况及影响调查
	"高不成，低不就"——南京市玄武区半山花园小区加装电梯状况调查
	明城墙·民城墙
	……
三等奖	里弄更新谁做主？——自上而下式里弄微更新中的公众参与调研
	陆家嘴的背面——邻里交往视角下社区融入调研
	"行在生命边缘的旅客"——福建省肿瘤医院周边癌症旅馆现状调查
	此"薪"安处是吾乡——乞者生存现状与时空分布调查

续表

等级	2018 年
三等奖	战殇——南京西山保卫战遗址保护状况调查
	寓于园,欲居于园?——南京江北新区研创园人才公寓安居情况调查
	平地谁言无险阻,"营平"何处不安全?——厦门市营平片区防救灾空间调研
	安"居"何处——台北市社会住宅的区位环境调查研究
	"一米"高度看城市——基于儿童活动行为的城市居住区户外开放空间调查
	公园餐饮谁做主?——南京市级综合公园餐饮服务设施调查研究
	……

2.1 选题的意义与原则

2.1.1 选题的意义

选题是开展城乡空间社会调查研究的起始点,它决定了调查研究的方向,并影响着调查研究的价值,充分体现调查研究水平,在很大程度上制约调查研究的全过程。在选题的过程中,要求研究者在充分掌握各种信息资料的基础上,选择城乡社会中需要解决的现实问题或理论问题,并适合于自身的研究条件和研究能力,从而使调查研究具备一个良好的开端。所以,选题是城乡空间社会调查研究比较重要的一个阶段。

1. 确定研究方向

科学的社会调查研究,是通过对社会现象的考察揭示城市社会运行的规律,指出城乡空间问题的症结,并提出改造城市社会的方案。因此,它要考察什么,研究什么,必须具有明确的目的性和方向性。选择调查课题决定着社会调查的总方向、总水平,要正确选择调查课题,就必须善于提出问题。选择调查课题不仅是社会调查目的的集中体现,而且是调查者的指导思想、社会见解和学识水平的具体反映。调查课题的提出与确定的过程是明确该项调查研究的目的和确定调查研究对象的过程,正确选择调查课题,可以事半功倍,迅速取得调查研究的成果。

2. 决定研究价值

选择调查课题决定着社会调查的成败和调查研究成果的社会价值。爱因斯坦指出"提出一个问题往往比解决一个问题更重要,因为解决一个问题也许仅是一个数学上的或实验上的技能而已。而提出新的问题、新的可能性,从新的角度去看旧的问题,都需要有创造性的想象力,而且标志着科学的真正进步"。爱因斯坦的这一论断,对于社会调查研究同样适用。在选择和确定调查课题的过程中,既需要用到调查研究者所掌握的专业理论知识、调查研究方法知识和各种操作技术,又需要调查研究者具有比较开阔的视野、比较敏锐的洞察力、比较强的判断能力,以及一定的社会生活经验。一项具体的调查课题从开始选择到最终确立，都是上述几个方面因素的共同作用结果。一个正确的选题是取得社会调查成功的必要条件之一，调查课题只有得当、正确，具有现实针对性，才有取得成功的可能，才有可能产生一定的理论价值或应用价值。

3. 体现研究水平

在城乡空间社会调查中，系统完整地提出一个问题，往往要比调查研究的其他工作花费更多的时间和精力。这是由于在选题的过程中，研究者会受到四个基本因素的影响：专业理论知识、调查研究方法、对城乡空间特点与演变的认知、城乡空间问题的把握。一项具体的研究课题从开始选择到最终确定，就是上述四个方面因素共同作用的结果。所以，提出和确定的调查课题是否得当，在一定程度上体现了调查者的洞悉能力、社会见解、理论水平和判断能力。可见，一个不敏感、具有守旧思想的人，不可能会选择调查代表事物发展方向的新生事物；或者一个缺乏专业学识水平、没有学术创见的人，也不可能去调查专业性、技术性、时代感强的课题。

在具体的城乡空间社会调查研究课题选择上，并非选择宏观问题就代表研究水平较高，而研究微观问题的水平就低。实际上，一项研究课题所反映的研究水平高低，要看这种选题能否在比较深入的层次上揭示社会现象的内在联系，是否在比较高的层次上概括社会现象的整体状况和发展规律，能否回答人们在社会中所碰到的新问题或焦点问题，而不是在比较低的层次上简单地列举社会现象的特殊状况和基本特征，在较为浅显的层次上描述社会现象的表面特征或重复已经明了了的事实和结论。

4. 制约研究过程

恰当的选题是设计调查方案和安排整个调查工作进程的基础和前提，决定着调查研究的方案设计，制约调查研究的全部过程。选题不仅仅是给城乡空间社会调查研究简单地限定范围，选题确定的过程，更是初步进行科学研究的过程。一个好的选题需要经过研究者进行多方思考、查阅资料、互相比较、反复推敲以及精心策划。选题一旦确定，也就表明研究者的头脑中已经大致形成城乡空间调查研究的思路和轮廓，选题不同，调查的内容、方法、对象和范围就不相同，调查人员的选择、调查队伍的组织、调查工作的安排等也不相同。

2.1.2　选题的原则

在选题过程中，研究者可以根据自己的兴趣或想法，或者根据自己的研究能力和研究条件，或者根据自己的社会价值偏好，甚或政府委托与社会发展的需求等方面来确定课题。在实践中，城乡空间社会调查研究选题通常会体现出以下几个方面的原则或标准。

1. 兴趣性原则

兴趣是引起调查研究的起始点。兴趣可以产生想法，想法又可能是较大理论的一部分，而理论也可能引申出新的想法、新的兴趣。实际上，调查研究的目的就是探讨兴趣和检验具体的想法，或验证复杂的理论。所以，选题首先要遵循兴趣性原则，不同研究者对不同的社会事物、社会现象或社会问题有着不同的兴趣方面，从而可以产生不同的选题，并带来不同领域的学术理论成果或社会实践成果。如就当代中国城市住房问题，有的研究者对城市高房价问题比较感兴趣，有的研究者则对城市廉租房或经济适用房问题感兴趣，而有的研究者关注城市的居住空间分异问题，这些方面均是城市生活中的热点问题。由此，通过各个兴趣点方面的社会调查研究，将有助于统筹解决城市的住房问题或为城市住房规划提供相对完善的建议和对策。

2．创新性原则

应按照新颖、独特和先进的要求选择调查课题。有意义的调查课题应具有新颖性、独特性和先进性的特点，能够提供新知识、新方法、新观点和新思想，或者能够解答"空白"领域中的问题。创新性原则具有广泛的意义，既包括别人从未做过调查的开创性课题，也包括外国、外地做过调查而本国、本地尚未调查过的移植性课题，也包括过去做过调查的而现在尚未调查过的追踪性调查课题，也包括从新角度、新侧面去研究老问题的扩展性调查课题等。

3．需要性原则

要根据社会发展和实际工作的客观需要选择调查课题，应当针对当前社会发展中的迫切需要解决的理论问题和实践问题，或者针对具有前瞻性的问题，如具有潜在的理论价值或应用价值的问题。这里的需要，既包括编制城乡规划设计方案的需要，也有城乡规划理论研究的需要，还包括城市建设及管理实践的需要，以及解决广大人民群众疾苦和困难的需要等。

4．可行性原则

根据调查主体和客体的现实条件合理选择调查课题。就调查主体（调查者）而言，选择的调查课题必须与调查者的思想状况、工作作风、知识水平、实践经验以及人力、物力、财力和时间等条件相适应。就调查客体（调查对象）而言，选择的调查课题必须与客观事物的成熟程度、与被调查对象的回答能力和合作意愿、与社会环境的种种因素相符合。只有这种与调查主体、调查客体的客观需要和现实可能相适应、相符合的课题，才是有可能顺利完成的调查课题。

总而言之，创新性原则反映了社会调查的本质特征，需要性原则指明了社会调查的根本方向，可行性原则说明了社会调查的现实条件。

2.2　选题的思路

2.2.1　以社会空间问题为导向

城乡规划实践有问题导向和目标导向两种类型。在城市建设由增量扩张向存量优化转型时期，规划面临的空间主体不再仅仅是国家和集体，还包括个人、企业和社会组织等。新的规划和建设的目的是要解决现有的城市问题，调查者需要从实际问题出发，变目标导向为问题导向，而非为城市预设一个宏伟蓝图。因此，在城乡空间社会调查的选题中，调查者应加强对社会热点、规划政策的关注，紧紧抓住时代脉搏；调研中应当围绕"发现问题—分析问题—解决问题"的思路安排计划。

城乡规划的外延随着城镇化的推进和后工业时代技术的进步在不断扩大，从原本的工程技术问题向包含社会科学的软科学方向迈进，但其塑造城乡物质空间环境的核心地位并未动摇，因此选题不能脱离这一主线。

2.2.2 以科学理性为指导

（1）城乡规划推崇抽象思维和逻辑推理，以理性精神为指导，以归纳演绎、文理结合为根本。城乡空间社会调查应当遵从"调查—思考研究—建议"的步骤，综合社会学、地理学和生态学等各学科知识，形成严密的整体逻辑。

（2）城乡社会调查对象必须以空间信息为基础。传统的空间分析方法包括空间标记法、模式提取法等。近年来，地理学的 GIS、RS 等技术，大数据的抓取、清洗和处理技术，以及数学统计与建模等方法越来越多地应用到城市理论研究及城乡规划实践，所做的各类调查研究报告也渐渐反映出这一趋势。结合了空间分析与数学统计分析方法的城乡社会调查，能够极大地增强研究的客观性和主体性。

2.2.3 树立人本主义价值观

城乡规划的核心是土地与空间资源的配置。对于资源配置而言，社会整体层面的终极准则是公平、公正，从技术操作角度看，则要"研究具体人的需要"。社会调查实践应从人的角度出发，尤其要注意关注社会弱势群体的需要，关注社会的和谐发展，关注社区的凝聚力维系。因此，在城乡空间社会调查报告选题中研究人员要具备社会责任感与社会意识。

2.2.4 新视角认知城乡空间

随着对城乡规划本质问题认识的不断深入，单纯从审美艺术的角度处理空间的观念不再适应规划专业教育。在新形势下，需要从经济、生态、社会和政治各个角度来认知城乡空间形成的原因、研究划分城市空间的技术、完善管理城市空间的手段。城乡规划社会调查是承接这一转变的重要途径之一，选题则是社会调查的第一步，也是非常关键的一环。

2.3 选题的方法与途径

2.3.1 选题的方法

2.3.1.1 选择易于开展的课题

所谓易于开展的课题，就是利于启发调查者调查思路，容易实现社会调查创新和形成调查者独到见解的课题，可以从以下两个方面入手：

（1）选择前人没有研究过的问题。一张白纸，可以画出最新、最美的图画。选择前人没有研究过的问题，作者可以独辟蹊径，不必人云亦云、重复别人的见解，而要凭借自己掌握的第一手资料，开展创新研究。这类选题具有开拓性和探索性，所完成的调查报告比较容易受到欢迎。

（2）抓住疑难点、选择能引起争鸣的问题。从有争议、有疑问、有较大难度的问题中去发现和确立选题。由于这些问题带有争议性，众说纷纭，观点不一，作者可以吸收争论各方面的合理成分，自创新说，或者通过反驳别人的观点和主张，来阐述自己的新见解。

当然，以上两个方面的选题，缺点在于社会调查难度较大，对调查研究者的能力要求较高，调查研究者必须以自己较为成熟的思考为基础，所构思的创新点要有理有据、站得住脚，调查所得第一手资料必须具有较强的说服力。

2.3.1.2　查阅文献资料

查阅文献资料和相关的政策文件等，可以掌握更多与调查任务有关的基础资料，应当针对调查目的和研究课题有选择性地进行。查阅文献资料可以利用图书馆或资料室的检索工具等，应注意了解以往的调查研究成果、与课题相关的理论知识和方法技术，以及被调查地区、调查对象的历史状况等。查阅文献资料可以按照以下步骤进行：

（1）广泛地浏览文献资料。在浏览中要注意勤做笔记，有目的、有重点地随时记录下文献资料的纲目，记录下所阅读文献资料中对自己影响最深刻的观点、论据和论证方法等，记录下自己脑海中涌现的点滴心得和体会。

（2）将通过浏览文献资料所得到的方方面面的内容，进行分类、排列和组合，从中寻找问题、发现问题。如可以分为以下几类：系统地介绍有关问题研究发展方向概况的文献资料；对某一问题研究情况的文献资料；对同一问题集中不同观点的文献资料；对某一问题研究最新的文献资料和成果等。

（3）将自己所记录的心得体会与文献资料分别加以比较，找出哪些心得体会在文献资料中没有，或者部分没有；哪些心得体会虽然文献资料中已有，但观点不一致；哪些心得体会与文献资料的观点基本上是一致的；哪些心得体会是在文献资料的基础上深化和发展的。

经过这样几番查阅文献资料和深思熟虑的思考过程，就容易萌发自己的想法和思路，再进一步思考，就可以获得社会调查选题及其研究目标。

2.3.1.3　咨询专家学者

城乡规划某一研究领域的专家学者或实际工作者，一般对城乡规划的某一领域有专门、深入的研究，对城乡规划某些领域的研究现状也比较了解，因此，应当注意向有关专家学者询问、请教，向有丰富实践经验的实际工作者学习。通过咨询、学习，可以得到他们的指点帮助，获得有益的启迪，取长补短，进一步了解所选课题的研究价值、可行性及重点难点等，为后续调查研究工作奠定坚实的基础。

2.3.1.4　实地考察社会

现实社会是一个复杂而庞大的系统，在这个庞大且时刻变化着的社会中，社会现象丰富多彩，社会关系盘根错节，无疑为认识社会、改造社会提供了取之不尽、用之不竭的研究课题。通过选择与选题有关的具有代表性的少数单位和对象进行座谈、访问，以寻求适合调查课题的思考方向，更多地获得第一手资料，提升社会价值。

2.3.1.5　培养信息敏感

在科学研究活动中，兴趣、直觉、灵感、顿悟、机遇和新闻敏感等非逻辑因素往往具有重大的作用，调查研究者一时的兴趣和冲动，或者接受某些信息的刺激，有时会突然获得某些具有重要价值的调查研究课题。所以，应当在实际生活中时时留心，刻刻在意，准确及时地把握住这些兴趣、直觉、灵感等，增强学术敏感。借助信息敏感和灵感思维进行选题的方法如下：

1. 追踪线索

大脑中一旦有关于某一选题的火花迸出，就立即紧急追踪，调动各种思维活动和心理活动向纵深发展，力求得到结果。

2. 寻求诱引

"诱引"就是能够诱发灵感发生的有关信息，灵感的迸出可以通过某一偶然事件或时间做"点火桶"，刺激大脑引起相关联想。在选题过程中应积极收集有关信息，随时将有关选题意向灌注进各种偶然事件，力求诱发出新的灵感。

3. 暗示右脑法

人的右脑负责潜意识思维活动，在选题的过程中，可以有意识地控制显意识活动而放任潜意识的活动，使右脑处于积极思维状态。

4. 西托梦境法

一个人进入似睡似醒状态时，科学上称为"西托"，梦在西托状态中是最活跃的，最能够诱发潜意识的显现。在选题时要注意捕捉梦中的灵感，捕捉可以采取立即重复回想、笔记等方式，以免"梦过情移"。

2.3.2　选题的途径

所谓最佳选题，就是命题新、角度好，内容生动，而又颇具研究价值的选题。一般可以从以下几个角度进行思考：

1. 在城乡规划学科领域的"空白处"寻找突破口

所谓"空白处"，就是在城乡规划学科领域内，别人尚未涉猎研究过的课题，或者是在本学科领域别人已经研究过，但是还有科学探讨余地的课题，可以是对前人成果的发展性研究。这类课题的参考文献较少，甚至无从借鉴，但对于调研者而言发挥创造性的余地较大，可以在了解整体研究状况的基础上获得较大的研究空间，对于发现新情况和处理新问题有一定的启发引导作用。现实生活中提出的各种问题和论题，大部分是研究空白或薄弱环节，这种选题的应用性、时效性也比较强。

2. 在城乡规划与其他学科的"交叉处"寻找突破口

科学发展的趋势表明，当今世界的各种学科正在互相渗透、互相交叉、互相分化和综合，在学科与学科的交叉地带，不断涌现新的学科门类，如城市环境心理学、城乡规划管理哲学等，这就必然带来一些新的课题，并要求善于留心选择某些多学科交叉的新课题，以便易于从城乡规划的学科特点入手，在综合和比较的过程中发现问题，开展社会调查研究，探讨出具有价值的规律来。

3. 在城乡规划学科领域的"热点处"寻找突破口

在科学领域中，无论哪一门类哪一学科，在某一时期总有一些讨论的热点，城乡规划学科也是如此。随着社会的发展，人们的观念发生变化，知识水平不断提高，往往以前许多已经定论的问题又会引起人们的兴趣和争论。选择有争议的问题研究，便于发表自己的主张，提出自己的观点，从批评别人的观点入手，逐渐引申发展，深化自己的思维，达到完善自己观点的目的。城乡规划学科领域近两年来比较热门的话题有城市生态可持续发展、老龄化与社区发展、历史街区保护更新、遗址公园保护展开、设计下乡与乡村建设等。从这些"热点处"寻找突破口，合理选择社会调查课题，往往具有重大的主题意义，社会调查研究者也能够在社会调查过程中不断获得新的灵感和启发。

2.4 历年获奖选题剖析

2.4.1 选题基本情况

1．数据来源及分析框架

以 2004—2018 年（2010 年数据缺失）全国高等院校城乡规划专业城乡空间社会调查报告获奖作品为样本，共收集获奖报告 648 篇，对获奖报告题目反映的信息进行梳理，从研究人群、研究空间和研究主题等方面提取关键词，同时由于时间跨度较大，将 2004—2016 年（2010 年数据缺失）每三年划为一个阶段，2017—2018 年划为一个阶段，采取文献计量统计等方法对研究热点进行统计分析，提出各阶段发展特点。

2．调查报告获奖进程分析

根据历年获奖作品数量（图 2-1）可以看出其整体呈上升趋势，大致可分为三个阶段：2006 年以前，竞赛处于起步期，获奖作品数量起伏较大；2007—2012 年，获奖作品数量增长明显，2011 年稍有回落；2012—2016 年，获奖作品数量维持在 56 份左右，2016 年以后获奖作品数量又呈增长态势。在各级奖项方面，一等奖数目变化不大，稳定于 6 份以下，二、三等奖获奖作品数量变化幅度较大，趋势不稳定。

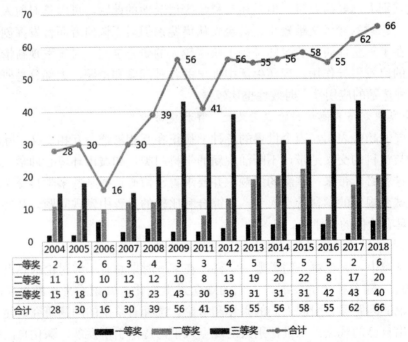

	2004	2005	2006	2007	2008	2009	2011	2012	2013	2014	2015	2016	2017	2018
一等奖	2	2	6	3	4	3	3	4	5	5	5	5	2	6
二等奖	11	10	10	12	12	10	8	13	19	20	22	8	17	20
三等奖	15	18	0	15	23	43	30	39	31	31	31	42	43	40
合计	28	30	16	30	39	56	41	56	55	56	58	55	62	66

■一等奖　■二等奖　■三等奖　—●—合计

图 2-1　历年获奖作品数量示意图

2.4.2　获奖选题热点及趋势

2.4.2.1　研究人群

将城乡空间社会调查报告中所涉及的研究人群划分为普通民众、弱势群体、特定职业群体和其他特定群体四类。其中，普通民众主要是指城市或农村的居民、行人，在基本属性上无特别要求；弱势群体是指就业竞争和基本生活能力较差的人群，包括残疾人、下岗失业人群、城镇贫困人群、部分老龄化人口和少数遭受灾祸的人群等，此次统计中主要涉及老年人、儿童、残疾人和低收入人群等；特定职业群体主要是指从事某一特定职业的人群，包括出租车司机、流动商贩等；其他特定群体是指除上述群体外，其他有特定身份或共同特征的群体。值得注意的是，并不是所有调查报告均会涉及明确的研究人群，部分调查报告只涉及空间的调研，与人群（属性）无关。研究按人群类别分析获奖作品，发现研究人群为普通民众的调查报告最多，约占总数的 43%；研究人群为弱势群体的调查报告约占总数的 25%；研究人群为特定职业群体的和其他特定群体的调查报告的占比约为 14% 和 18%。从变化趋势看，四种人群类型的报告在数量上呈上升趋势，渐次升高。其中，普通民众在人群类型中一直占绝对优势；弱势群体的热度呈稳定上升趋势，表明选题越来越注重人文关怀；其他特定群体和特定职业群体所占比例呈现高低起伏趋势，但前者近几年热度下降，选题关注的特定群体一般呈现出随着当年时事热点变化的特征（图 2-2，因最后一个阶段只有两年的数据，故对其不做分析）。研究人群为普通民众和弱势群体的调查报告数量约占总数的 70%，这表明城乡规划专业的主要服务对象是普通民众，同时也兼顾弱势群体的需要，反映了城乡规划专业人文关怀的价值取向。

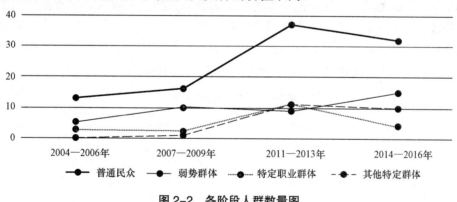

图 2-2　各阶段人群数量图

2.4.2.2　研究空间

1．研究空间的区位

从调查报告的题目中提取研究地点的地理区位信息，共得到 501 个具体地点。其中，华东地区的选题地点最多（200 个），华中、西北地区最少，其余四大地区的选题地点为39 ～ 70 个，这与学校所在地有关。第一阶段（2004—2006 年），被研究城市有 12 个，如南京、北京、苏州、上海和济南等东部发达地区的一线、二线城市，覆盖范围较小；第二阶段（2007—2009 年），被研究城市的数量较第一阶段有明显增长，研究关注的城市类型更丰富；第三阶段（2011—2013 年），被研究城市的数量激增，研究对象不再局限于一线、二线城市；第四阶段（2014—2016 年）被研究城市的数量和多样性不断上升，研究范围拓展到我国台湾地区，以及一些较偏远地区。

此外，参赛学校较多的城市得到了更多的关注，如南京、北京、天津、广州和杭州等城市。同时，各校选题地点以学校所在地区为主，以便于调研。在既有学校所在地和具体研究地点的 501 个数据中，超过 90%的参赛学生都选择自己学校所在的城市进行调研。

2. 研究空间的规模

根据我国现行行政区划分标准，结合获奖作品所选空间特点，将研究空间的规模由大到小分为四级。其中，一级为市、市辖区及以上规模；二级为乡镇、街道及商圈规模；三级为村、社区及城市道路；四级为公园、广场公共建筑（及其周边）等更小规模空间。2017—2018 年四种空间规模的占比分别为 28%、16%、40%和 16%。可见，研究空间规模多为一级和三级，这表明学生调研的着眼点大多放在较大的范围，出现了丰富的对比调研；少数学生将目光聚集于某单一小范围地点，在研究深度上表现较好。

3. 研究空间的性质

通过对历年社会综合实践调研报告课程作业获奖作品的研究空间分析，将其研究空间分为居住空间、公共管理与公共服务设施空间、商业服务业空间、道路与交通空间、公用设施空间、绿地与广场空间、网络平台、乡村和历史遗产九大类（表 2-3）。居住空间大类的获奖选题最多，中类以居住区和住房为主。道路与交通空间也是一大热点空间，且分布在道路空间这个中类的选题较多，表明了交通问题的重要性，尤其近十年来随着机动车数量的增多，交通拥堵、资源分配不均等问题成为研究热点。将商业服务业空间作为研究空间的获奖选题也较多，热点集中于商业街区和零售商业空间，如商场、超市和菜市场等空间。绿地与广场空间、公共管理与公共服务设施空间的研究热度相当，其中与居民生活关系密切的公共空间、文化设施空间和教育空间是热度最高的。

表 2-3　研究空间性质统计

大类	大类数目	中类	中类数目
居住空间	102	居住区	59
		住房	26
		旧城区	9
		社会公共服务空间	8
公共管理与公共服务设施空间	48	教育空间	16
		文化设施空间	13
		医疗卫生空间	7
		社会福利设施空间	8
		体育空间	2
		宗教设施空间	2

大类	大类数目	中类	中类数目
商业服务业空间	62	商业街区	17
		零售空间	17
		餐旅空间	12
		书店报刊亭	10
		商务办公空间	6
道路与交通空间	76	道路空间	48
		停车空间	7
		交通工具空间	8
		交通枢纽空间	6
		交通场站空间	7
公用设施空间	22	环卫空间（含公厕）	14
		安全应急空间	8
绿地与广场空间	55	公共空间	36
		公园绿地	11
		旅游景区	8
网络平台	12	网络服务平台	11
		网络购物平台	1
乡村	38	近郊与乡村	32
		城中村	3
		棚户区	3
历史遗产	39	历史街区	29
		文化遗迹	7
		古村镇	3

从历年的选题看，各类研究客体根据数量变化趋势可以分为四个梯队：居住空间、道路与交通空间、绿地与广场空间为第一梯队；公共管理与公共服务设施空间、商业服务业空间为第二梯队；历史遗产、公用设施空间为第三梯队；乡村与网络平台为第四梯队。

在调查报告竞赛之初（2004—2006 年），研究第一梯队的选题数量占该时间段选题数量的 59%；在二、三、四阶段，研究该梯队选题的作品数量占比逐渐下降，至第四阶段仅为 35%，在第五阶段，该梯队的研究数量又回升至 58%。涉及道路与交通空间选题的大部分中类数量小幅下降，而研究道路空间的选题数量不降反升，选题多为对步行道路空间的现状和使用情况的研究，说明近年来随着健康生活的普及，步行空间的需求量增加。

研究第二梯队的选题数量呈逐阶段上升的态势，此类选题多与当下的社会热点相结合，以寻求研究内容上的突破。如在涉及公共管理与公共服务设施空间的选题中，教育空间、社会福利设施空间数量均呈上升趋势，该类选题关注民生，贴近最普通市民的生活现象，以小见大地反映社会现象。

第三梯队的各类选题呈现"冷热交替"的特征，但整体趋势比较稳定。其中，涉及历史遗产的选题一直保持着相当的数量，与"看得见山，望得见水，记得住乡愁"指导思想的提出有极大关系。

第四梯队的各类选题在前两个阶段几乎"绝迹"，但在后两个阶段呈上升趋势，尤其是与乡村相关的选题在近三年急速上升，其中以城中村选题占比最多，这与当下城乡规划工作中的重难点契合。自2008年首次出现研究网络实体电商的报告后，2013年至今，与互联网及新技术的网络平台空间相关的选题呈现出连年稳步攀升的趋势，内容涵盖了自助图书馆、各类共享平台、智慧城市设施和街道就医地图等。

2.4.2.3 研究行为

行为空间是理解社会空间形成过程与机制的重要因素。借鉴马斯洛需求层次理论，将选题中出现的行为与五个需求层次对应，并将这些行为划分成生理需求行为、安全需求行为、情感需求行为、尊重需求行为、自我实现需求行为和其他行为（表2-4）。涉及研究行为的获奖作品共约325篇，且这些作品中有相当一部分聚焦于安全需求行为。安全需求行为包含交通出行、居住、防灾避险、医疗护理、养老和就业等行为，与现阶段大家普遍关心的人身安全、健康保障、资源所有性、财产所有性、道德保障、工作职位保障和家庭安全等问题紧密相关。其中，交通出行行为是安全热度最高的，这与研究空间中得到的结果相一致；情感需求行为次之，反映了学生对精神层面行为的关注。而这些作品对最基本的生理需求行为和较高等的尊重需求行为与自我实现需求行为的关注明显少于第二、第三层级。另外，还有少量作品关注了犯罪、垃圾回收等其他行为。

同时，随着获奖作品数量的增加，除了研究情感需求行为的作品数量近几年稍有回落外，研究安全需求行为的作品数量明显增加，研究其他各类行为的作品数量比较稳定。

表2-4 研究行为统计

大类	大类数目	中类	中类数目
生理需求行为	27	如厕	14
		饮食	6
		休憩	7
安全需求行为	167	居住	27
		消费购物	11
		生产建设	10
		停车	10
		迁移（迁居）	9
		交通出行	47

大类	大类数目	中类	中类数目
安全需求行为	167	医疗护理	8
		防灾避险	19
		职住通勤	3
		养老	12
		就业	11
情感需求行为	87	休闲娱乐	30
		养宠物	2
		心理状况	6
		满意度 / 情感	29
		社会融入	16
		婚恋	4
尊重需求行为	11	公众参与	11
自我实现需求行为	17	教育	12
		组织管理	5
其他行为	16	犯罪	5
		垃圾回收	4
		托管	2
		外卖 / 快递配送	5

2.4.3　选题特征总结

通过对 2004—2018 年的城乡空间社会调查报告获奖作品的统计分析，可知这 15 年有如下发展特点及趋势。

首先，竞赛的参与度有很大提高。参赛学校从最初的 20 余所发展到 2018 年的 100 余所，在数量上实现了巨大飞跃；获奖院校从 2004 年的 10 余所发展到 2018 年的 30 所。一方面是由于 10 多年来，设立城乡规划专业的院校数量不断增加；另一方面也表明该竞赛作为城乡规划专业本科教育的一种培训和验收手段，获得了越来越多的规划院校的认可。从地域分布上看，在竞赛设立之初，仅有四大地区的院校参与（获奖），至 2018 年，获奖院校的范围不但扩大到六大地区，而且在分布上日渐均衡，华东、华北不再双峰并峙，东北、华南、华中及西南等各地区都有较好的作品参赛。

其次，从研究热点可知选题的广度在拓展，选题的研究地域逐渐扩大，从北上广等一线大城市到一般城市甚至乡村，从东部沿海地区到中西部地区甚至台湾地区等；研究人群从城市居民和弱势群体扩展到快递员、网商从业者、外卖小哥等多种近年来广受关注的特定职业人群；研究的空间更是从单一的城市居住空间和道路空间扩展到社会福利设施空间、菜市场和网络平台等关系国计民生的特别空间。

最后，城乡规划专业教育越来越关注与社会时事热点相关的城市空间与管理问题。如2008年汶川大地震后，防灾避难空间的研究选题开始出现，但获奖数量不多；2012年起城市安全类选题出现并获奖，与昆明火车站袭击事件（2014年）、上海踩踏事件（2015年）不无联系；2014—2015年，打车软件的出现，有关在线交通出行的调研项目明显增多，此外众创空间类选题在近年频繁出现，也与2015年"创客"被写入政府工作报告有关。

第 3 章

城乡空间社会调查的资料获取

3.1 资料获取的目的、意义、途径

资料获取的目的：找到城乡空间社会调查目标，弄清要解决什么问题，解决到什么程度。

（1）研究成果目标：要解决什么问题，解决到什么程度（是学术性探索，还是要提出具体对策建议；是了解一般现实状态，还是要深究其深层次原因）。

（2）研究成果形式：是以学术出版专著，还是撰写调查报告或学术论文，或者简单的口头汇报或演讲。

（3）社会作用目标：起到什么样的社会价值与作用。是为了学习方法、为了给城乡规划与设计提供指导，还是给有关部门提供参考意见，或反映民情，促进社会发展等。

资料获取的意义：调查方案资料获取是调查课题及研究目的得以实现的保证。它指导整个社会调查研究的全过程，使之有明确的方向和目的。调查方案是全体调查人员的行动纲领，便于对整个社会调查研究过程实施监督、协调、管理、控制，增强调查人员工作的自觉性、主动性，减少盲目性，尽量减少或避免由于不协调所造成的偏差和失误。调查方案往往是项目立项的主要依据。

资料获取的途径：问卷调查法、文献调查法、访谈调查法、实地调查法、网络收集法和新数据收集法。以下做具体介绍。

3.2 问卷调查法和文献调查法

3.2.1 问卷调查法

3.2.1.1 问卷调查法的概念及其主要类型

问卷调查法又称问卷法。所谓问卷，就是指社会组织为一定的调查研究目的而统一设计的、具有一定的结构和标准化问题的表格，它是社会调查中用来收集资料的一种工具。问卷调查法是调查者使用统一设计的问卷，向被选取的调查对象了解情况，或征询意见的调查方法。它分为以下几种：

1．自填式问卷调查

按照问卷传递方式的不同，自填式问卷调查可以分为邮寄问卷调查、报刊问卷调查、送发问卷调查和网络问卷调查。

（1）邮寄问卷调查。通过邮局将事先设计好的问卷邮寄给选定的被调查者，并要求被调查者按规定的要求填写后回寄给调查者。

（2）报刊问卷调查。随着报刊的传递发送问卷，并要求报刊读者对问题如实作答并回寄给报刊编辑部（图3-1）。

图3-1　报刊问卷调查的一般形式

（3）送发问卷调查。调查者派人将问卷送给被选定的调查对象，等待被调查者填写回答完后再派人收回问卷（图 3-2）。

图 3-2　现场发放问卷是送发问卷的主要形式

（4）网络问卷调查。利用现代高科技信息手段，通过互联网向调查对象发送问卷，被调查者按要求填写后发送电子邮箱，或者直接在网络上（如 App 小程序）填写答案，根据事先设定的统计程序可即时查看调查结果。网络问卷调查的形式很多，如有奖调查、网上发布、网上评选等，吸引大家的兴趣从而达到预期的效果。网络问卷调查由于其具有独特的优势而得到迅猛发展和广泛应用，其优势主要在于：①成本低；②调查者可以通过选择不同的网站和频道，针对自己的目标选择合适的调查人群展开调查，降低了盲目性；③网络联通全国直至全世界，反馈的地域局限性相对较低；④网络链接的调查页面可以直接发送反馈单，提高了反馈率；⑤对网络调查发生反应，且最终填写调查表的人一般是对调查项目感兴趣的人，反馈的有效性强。

2．代填式问卷调查

（1）访问问卷调查。调查者按照统一设计的问卷向被调查者当面提出问题，然后由调查者根据被调查者的口头回答来填写问卷。

（2）电话问卷调查。调查者通过拨打电话，根据统一设计的问卷内容向被调查者提出问题，然后由调查者根据被调查者的电话回答来填写问卷。

以上各种问卷调查方法各有利弊，见表 3-1。

表 3-1　问卷调查优缺点比较

分类	报刊问卷调查	邮寄问卷调查	送发问卷调查	访问问卷调查	电话问卷调查
调查范围	很广	较广	窄	较窄	可广可窄
调查对象	难以控制和选择，代表性差	有一定控制和选择，但回复问卷的代表性难以估计	可控制和选择，但过于集中	可控制和选择，代表性较强	可控制和选择，代表性较强

分类	报刊问卷调查	邮寄问卷调查	送发问卷调查	访问问卷调查	电话问卷调查
影响回答的因素	无法了解、控制和判断	难以了解、控制和判断	有一定了解、控制和判断	便于了解、控制和判断	不太好了解、控制和判断
回复率	很低	较低	高	高	较高
回答质量	较高	较高	较低	不稳定	很不稳定
投入人力	较少	较少	较少	多	较多
调查费用	较低	较高	较低	高	较高
调查时间	较长	较长	短	较短	较短

3.2.1.2　问卷调查法的结构

问卷是问卷调查中搜索资料的工具，一般由卷首语、问卷说明、问题与回答方式、编码和其他资料五部分组成。

1．卷首语

卷首语是写给被调查者的自我介绍信，介绍和说明调查者的身份、调查的内容、调查的目的和意义等。为了能够引起被调查者的重视和兴趣，争取他们的合作和支持，卷首语的语气应当谦虚、诚恳、平易近人，文字应当简明、通俗易懂。卷首语可与问卷说明一起单独作为一页，也可置于问卷第一页的上方。

从示例可以看出，卷首语一般应包括三个方面的内容（图3-3）：

西安 5A 级景区运营模式转型调查问卷

调查时间：　　　　　　　调查地点：　　　　　　　景区票价：

您好，我们是 *** 大学城乡规划专业学生，为了解西安 5A 级景区的门票经济现状做此问卷，您的回答有助于我们了解门票对于游客、景区的影响并将会被反馈给相关部门。该问卷仅用于课题研究，不会作为商业或其他用途。本次调查采用匿名制，对您所填写的相关信息将严格保密。

图 3-3　问卷调查的卷首语

（1）调查单位与调查人员身份。卷首语应当明确社会调查活动的主办单位和调查人员的身份，最好还能够写明组织单位的地址、电话号码、邮政编码、项目负责人等，从而使被调查者以认真负责的态度参与调查活动，以及提供力所能及的支持帮助。

（2）调查目的与内容。应当简明地指出社会调查的主要目的、意义和内容，使被调查者清楚认识到调查活动的社会价值。被调查者会获得自身能够参与调查活动的价值意义和荣誉感，也就会积极予以配合，认真完成问卷回答填写工作。

（3）调查对象选取方法与资料保密措施。无论哪一项调查活动，被调查者都会存在或多或少的防范心理。为了消除这种戒心，争取被调查者的合作，要明确地说明调查对象的选取方法和资料的保密措施。

在卷首语结尾处，有时还有致谢与署名，一定要真诚地感谢被调查者的合作与帮助，并署上主办单位的名称及调查日期。

2. 问卷说明

问卷说明是用来指导被调查者科学、统一填写问卷的一组说明，其作用是对填表的方法、要求、注意事项等做出总体说明和安排。问卷说明的语言文字应简单明了，通俗易懂，以使被调查者懂得如何填写问卷为目标。问卷说明也包括对一些重要的、特殊的、复杂的专业术语进行名称解释等。

3. 问题与回答方式

问题与回答方式是指问卷调查所要询问的问题、被调查者回答问题的方式以及回答某一问题可以得到的指导和说明等（图 3-4）。

您认为孩子上学用多少时间合理？

（1）小学生：

□步行 10 分钟以内，或骑自行车 5 分钟以内　　　　□步行 10～20 分钟，或骑自行车 5～10 分钟

□步行 20～30 分钟，或骑自行车 10～15 分钟　　　□步行半小时以上，或骑自行车 15 分钟以上

（2）中学生：

□步行 10 分钟以内，或骑自行车 5 分钟以内　　　　□步行 10～20 分钟，或骑自行车 5～10 分钟

□步行 20～30 分钟，或骑自行车 10～15 分钟　　　□步行半小时以上，或骑自行车 15 分钟以上

图 3-4　特殊的问题形式的回答方式需要特别说明

4. 编码

编码是把问卷中所询问的问题和被调查者的回答，全部转变为 A、B、C、D 等其他代号和数字，以便运用电子计算机对调查问卷进行数据处理和分析。

5. 其他资料

其他资料包括问卷名称、被访问者的地址或单位、调查员姓名、调查时间、问卷完成情况、问卷审核人员和审核意见等，也是对问卷进行审核和分析的重要资料和依据。有的问卷可以在最后设计一个结束语。

3.2.1.3　问卷调查法的问题

问卷调查所要询问的问题是问卷的主要内容。要科学设计问卷及其问题，必须弄清楚问题的种类、问题的排列、设计问题应遵循的原则和问题数量的控制等。

1. 问题的种类

问卷中的问题根据内容可分为背景性问题、客观性问题、主观性问题和检验性问题。

（1）背景性问题。背景性问题主要是被调查者的个人基本情况，包括性别、年龄、民族、政治面貌、文化程度、职业、职务或职称、婚姻状况、宗教信仰、个人收入水平等。如果以家庭等为单位进行调查，还要注意家庭或其他单位的基本情况，如家庭人口、年龄结构、家庭类型、家庭年收入等。这些是对问卷进行研究分析的重要依据（图 3-5）。

1. 您的年龄：　　　岁；　　　性别（请选择一项打钩）：A. 男　　B. 女

您的教育程度：A. 本科及以上　B. 大专　C. 高中、中专　D. 初中　E. 小学　F. 小学以下

您现在的家庭住址：＿＿＿＿＿＿＿＿＿＿＿＿＿＿＿＿＿＿＿＿＿＿。

您退休前的职业：＿＿＿＿＿＿＿＿＿，工作地点＿＿＿＿＿＿＿＿＿。

如果您退休后继续工作，职业是＿＿＿＿＿＿＿＿，工作地点＿＿＿＿＿＿＿＿。

2. 与您同住的家人一共有＿＿＿＿位，其中最小成员的年龄是＿＿＿＿岁，参加工作的有＿＿＿＿人，与您同住的家人有（可选择多项并打钩）：

A. 儿子媳妇　B. 配偶　C. 独居　D. 女儿女婿　E. 孙辈　F. 兄弟姐妹

您在家中承担的主要家务活动是（可选择多项并打钩）：

A. 买菜　B. 做饭　C. 照看孩子　D. 打扫卫生　E. 洗衣服

3. 您家庭现在住房是：＿＿＿＿层楼；面积＿＿＿＿平方米，＿＿＿＿室＿＿＿＿厅，已经居住＿＿＿＿年。

您个人卧室状况：卧室面积＿＿＿＿平方米；朝向：A. 东　B. 西　C. 南　D. 北　E. 其他朝向

与您一起使用卧室的是：＿＿＿＿　　A. 独居　B. 配偶　C. 儿女　D. 孙辈

您从哪一年开始在北京居住＿＿＿＿；共搬迁＿＿＿＿次。

最近一次搬迁前的家庭住址＿＿＿＿＿＿＿＿＿＿＿＿＿＿＿＿＿＿＿。

4. 您每月的收入（请选择一项打钩）：

A. 500元以下　B. 500元到1 000元　C. 1 000元到2 000元之间　D. 2 000元到4 000元之间　E. 5 000元以上

收入来源（可选择多项并打钩）：

A 退休费　B. 老伴　C. 子女　D. 再就业的工资　E. 低保福利救济

您每月支出大约＿＿＿＿元，各项支出大约是：

购物类：＿＿＿元　　娱乐休闲类：＿＿＿元　　通信类：＿＿＿元　　教育类：＿＿＿元

住房类：＿＿＿元　　储蓄保险类：＿＿＿元　　投资类：＿＿＿元　　外出餐饮：＿＿＿元

医疗保健类＿＿＿元　　其他（请说明）：＿＿＿；＿＿＿元

图3-5　背景性问题

（2）客观性问题。各种事实或行为，包括已经发生和正在发生的。如："您家的住房建筑面积是多大？""您外出上班一般采取哪种交通方式，是乘坐公共汽车、出租车、还是自驾车？"等，这些都是事实或行为方面的问题（图3-6）。

7. 您每周外出进行早操、散步、练功、打拳等体育锻炼的平均次数是＿＿＿＿次。

您外出活动主要在（请选择一项打钩）：A. 楼前楼后　　　B. 居住小区内　　　C. 居住小区外

陪伴你一起去的是：A. 老伴　B. 子女　C. 孙辈　D. 其他亲戚　E. 邻居　F. 朋友　G. 没有陪伴

8. 您每周外出进行棋牌、聊天、曲艺的娱乐活动的平均次数是＿＿＿＿次。

您外出活动主要在（请选择一项打钩）：A. 楼前楼后　　　B. 居住小区内　　　C. 居住小区外

从您家到该地离家大概为＿＿＿＿米；单程耗时＿＿＿＿分钟，大概花费为＿＿＿＿元。

陪伴您一起去的是：A. 老伴　B. 子女　C. 孙辈　D. 其他亲戚　E. 邻居　F. 朋友　G. 没有陪伴

9. 您每周平均外出购物的次数是＿＿＿次，从家到该地单程耗时＿＿＿分钟，大概花费为＿＿＿元。

您经常买食品的超市或市场、早市的名称是＿＿＿＿＿＿＿＿＿＿＿＿＿＿＿。

它的位置是（请选择一项并填写）：A. 楼前楼后　B. 居住小区内　C. 居住小区外，离家大概为＿＿＿米。所用的主要交通方式是（请选择一项打钩）

A. 步行　B. 自行车　C. 公交车　D. 地铁/轻轨　E. 摩托车　F. 出租车　G. 私人汽车

图3-6　客观性问题

（3）主观性问题。主观性问题，即关于人们的思想、情感、态度、愿望、动机等主观世界状况方面的问题（图 3-7）。

12. 您对现在的生活居住环境的意见是（请自由填写）：

13. 您对北京市针对老年人的服务设施和福利政策还有什么希望和建议（请自由填写）？

对您的协助表示最真诚的感谢！祝您身体健康、家庭幸福！

图 3-7　主观性问题

（4）检验性问题。安排在问卷的不同位置，用于检验被调查者所回答的问题是否真实、准确而特别设计的问题。如在问卷的前面问："您每个月有哪些支出，总支出大概是多少？"在文件的后面又问："您有哪些方面的收入、月收入有多少？"通过前后对比，就可以验证回答问题的真实和准确程度。

2．问题的排列

问题的排列是问卷中问题的排列和组合方式。合理的问题排列有利于调查者对调查资料进行整理和分析，也方便与被调查者有逻辑性地回答问题。

（1）按照问题的性质或类别排列。把同一性质或类别的问题排列在一起，便于被调查者按照问题的性质或类别先回答完一类问题，再回答另一类问题，不至于回答问题时出现思路中断、混乱或跳动的情况（图 3-8）。

13. 您为孩子选择学校时，最关心什么因素？（只选一个）

幼儿园：□质量好	□离家近	□收费低	□其他原因＿＿＿＿＿
小　学：□质量好	□离家近	□收费低	□其他原因＿＿＿＿＿
初　中：□质量好	□离家近	□收费低	□其他原因＿＿＿＿＿
高　中：□质量好	□离家近	□收费低	□其他原因＿＿＿＿＿

图 3-8　按类别排列的问题

（2）按照问题发生的先后排列。按照问题发生的历史、现状和未来的发展顺序或逆顺序来排列问题，使问题具有连续性、渐进性。

（3）按照问题的难易程度排列。遵循人们思考问题的规律，一般应做到：先易后难，由浅入深；先客观，后主观；先一般性问题，后特殊性问题；先总括性问题，后特定性问题；敏感性问题或可能使被调查者产生较大情绪波动的威胁性问题应安排在问卷最后。这样可以使被调查者获得回答信心和乐趣。

3．设计问题应遵循的原则

问题设计应本着提高问卷回收比例、有效率和保证问题回答质量的根本目的。主要依据的原则是：①客观性原则（设计的问题必须符合客观实际和具体情况）。②可能性原则（设计问题应充分考虑被调查者的知识水平和回答能力等）。③必要性原则（围绕调查课题和研究假设选择必需的问题展开设计，无关问题或可有可无的问题尽量不要设计）。④自愿性原则（充分估计考虑被调查者是否愿意回答，对于不可能自愿或不可能真实回答的问题不应该直接地正面提出，必要的情况下可以委婉地提出或者以相似问题代替）。

4．问题数量的控制

一份问卷究竟应包含多少个问题才适宜，并没有统一的规定，应根据问卷设计者的研究目的、内容、样本的性质、分析方法以及人、财、物和时间等因素具体确定。一般的原则是问卷越短越好，越长越不利于调查。根据经验，一份问卷中的问题数目，应控制在被调查者在 20 分钟以内能够顺利完成为宜，最长不宜超过 30 分钟，问题过多、问卷过长会造成回答者心理上的厌烦情绪和畏难情绪，影响调查质量和回复率。

3.2.1.4　问卷调查法的回答

问卷调查的问卷，对于被调查者来讲就是一份试卷。

回答有三种类型：开放式回答、封闭式回答和混合式回答。调查问卷中的回答大部分是封闭式回答。

（1）开放式回答。开放式回答又可称为简答题，即对问题的回答不提供任何答案，由被调查者自由填写。开放式回答的灵活性大，适应性强，有利于发挥被调查者的主动性和创造性，提供更多的信息，特别是可能发现一些超乎预料、具有启发性的回答。但是，开放式回答的标准化程度低，问卷整理、统计和分析比较困难，对被调查者的写作能力要求较高，填写问卷需要较多时间，并且容易出现许多一般化或无价值的答案，从而降低调查问卷的效度。

（2）封闭式回答。封闭式回答又可称为选择填空题，即将问题的答案全部列出，然后由被调查者从中选择一项或多项填写，又可具体分为填空式、两项式、多项式、顺序式、矩阵式、后续式等多种类型。

①填空式：在问题后面的横线上或括号内直接填写答案（图 3-9）；

②两项式：问题的答案只有两种，或者"是""否"两种（图 3-10）；

③多项式：供选择的方案不止两个，可以一个或多个答案（图 3-11）；

④顺序式：列出多个答案，被调查者按照先后顺序或不同等级进行填写（图 3-12）；

⑤矩阵式：将同一类型的若干问题集中在一起，共用一组答案，从而构成一个系列的

表达方式（图3-13）；

⑥后续式：为了防止出现一个问题仅与部分回答有关，而大部分都回答"不知道""不是""不适合于本人"等的情况而做出的设计（图3-14）。

个体信息：

您的年龄：_____（请直接填写内容）。

您的教育程度：_____（请直接填写内容）。

您从事的行业：_____（请直接填写内容）。

图3-9 填空式问卷

4. 您与小区邻居是否有矛盾：是／否   若是，矛盾原因是_____。

5. 您与小区物业是否有矛盾：是／否   若是，矛盾原因是_____。

6. 您是否因人际交往产生焦虑：   是／否

7. 您是否因居住环境产生焦虑：   是／否

图3-10 两项式问卷

三、收入与消费

C1. 您一般什么时候收益较好：_____

A. 春天 B. 夏天 C. 秋天 D. 冬天 E. 无差异

C2. 您一般每月收入多少元：_____

A. ＜1 000 元 B. 1 001～2 000 元 C. 2 001～3 000 元 D. 3 001～4 000 元 E. 4 001～5 000

F. 5 001～6 000 G. ＞6 000 元

C3. 您进货一次要花费多长时间：_____

A. 每天 B. 一周左右 C. 半月左右 D. 一个月左右 E. 自产自销

C4. 您进货一次要花费多少钱：_____

A. 200 元以下 B. 201～500 元 C. 501～1 000 元 D. 1 001～2 000 元 E. 2 001～3 000 元 F. 3 000 元以上

C5. 您每月生活消费（包括吃饭、住宿、看病等）约_____

A. 1000 元以下 B. 1 001～1 500 元 C. 1 501～2 000 元 D. 2 001～2 500 元 E. 2 501～3 000 元 F. 3 000 元以上

C6. 现在的收入与生活成本相比，您觉得：_____

A. 盈余 B. 相等 C. 亏损

图3-11 多项式问卷

4. 您去友谊路的频率是_____

A. 每天经过 B. 一周2～3次 C. 一周4～5次 D. 一月几次 E. 一年几次 F. 几乎不去

5. 您去友谊路的出行方式是_____

A. 步行 B. 自行车 C. 摩托车／电动车 D. 私家车 E. 公共交通 F. 三轮车

6. 您去友谊路的目的是_____（可以多选）

A. 工作 B. 上学 C. 回家 D. 购物 E. 路过

F. 接送孩子 G. 旅游 H. 游憩 I. 访友 J. 搭乘公交交通 K. 其他

图3-12 顺序式问卷

六、对下列生活学习条件的满意度调查

	很满意	较满意	一般	不满意	很不满意
（1）房价／租金	☐	☐	☐	☐	☐
（2）公共交通条件	☐	☐	☐	☐	☐
（3）出行耗费的时间	☐	☐	☐	☐	☐
（4）教育设施	☐	☐	☐	☐	☐
（5）医疗设施	☐	☐	☐	☐	☐
（6）商业购物设施	☐	☐	☐	☐	☐
（7）文化娱乐设施	☐	☐	☐	☐	☐
（8）卫生设施	☐	☐	☐	☐	☐
（9）体育设施	☐	☐	☐	☐	☐
（10）绿地公园	☐	☐	☐	☐	☐
（11）归属感（社会氛围）	☐	☐	☐	☐	☐
（12）物价（与主城区相比）	☐	☐	☐	☐	☐
（13）工业对学习生活的影响	☐	☐	☐	☐	☐
（14）高校对学习生活的影响	☐	☐	☐	☐	☐
（15）村庄对学习生活的影响	☐	☐	☐	☐	☐
（16）政策管理与服务	☐	☐	☐	☐	☐

请对以上 16 项要素按其重要程度由高到低进行排列：_____

图 3-13　矩阵式问卷

项目	非常不同意	不同意	一般	同意	非常同意
6. 我很喜欢这里的生态环境					
7. 我觉得树能衬托出这里的文化氛围					
8. 在树下活动比其他地方更让我满意					
9. 这里的树比其他街道的更让我满意					
10. 一想到这里的树就令我愉快					
11. 我非常喜爱这里的树					
原因是：					
12. 这里的树让我感觉像老朋友一样					
13. 在日常生活中我时常会想起它					
14. 我会密切关注林荫道的发展					
15. 我愿意付出精力服务于林荫道					
16. 我非常依恋这里的林荫道					
原因是：					

图 3-14　后续式问卷

封闭式回答的优点在于：回答是按标准答案进行的，答案容易编码，便于使用计算机输入信息、统计和定量分析，回答问题的时间比较节省，且容易取得被调查者的配合。其缺点在于：缺乏弹性，容易造成强迫性回答，也有可能造成不知如何回答或认识模糊的人乱填答案，容易使缺乏认真负责态度的被调查者敷衍了事。

（3）混合式回答。混合式回答是指封闭式回答与开放式回答的结合。混合式回答综合了封闭式回答与开放式回答的优缺点，但是，由于混合式回答一般比较复杂，不利于调查问卷的简明原则，非特殊情况不宜使用。

3.2.1.5　问卷调查法的实施

1．问卷调查的程序

（1）设计调查问卷。经历选择调查课题，开展初步探索，提出研究假设等几个步骤，设计问题和问卷，将口头语言变成书面语言，按照各种要求设计问题和答案等。

（2）选择调查对象。问卷调查的调查对象可以用抽样调查方法选取，也可以把有限范围如某一个企业内的全部成员当作调查对象。

（3）分发问卷。采用邮寄、报刊、送发等分发方式将问卷交给调查对象填写和回答。

（4）回收和审查整理问卷。在分发问卷以后，应及时提醒被调查者将要回收问卷的时间和回收方式等，然后采取一定的回收方式将问卷收回，并进行审查和整理加工。

（5）统计分析和理论研究。利用计算机对问卷进行统计分析，根据统计分析结果开展理论研究等。

2．提高问卷回复率的技巧

在问卷调查法中，问卷的回复率是问卷有效率的基础，关系到整个问卷调查的效度，是整个问卷调查工作成败的重要标志，因此努力提高问卷的回复率就是一个需要重点思考的关键性问题。影响问卷回复率的因素很多，可以从以下几个方面采取措施：

（1）恰当选取被调查者。被调查者的工作生活背景、现状工作生活繁忙程度、对课题的理解程度、合作态度、回答书面问题的能力等往往对问卷回复率产生较大影响。为提高回复率，一般应当选择有一定与问卷调查内容接近的工作生活背景、对课题能够较深入理解、有一定文字表达能力的被调查者，问卷调查工作也应当尽量避免占用被调查者的工作和生活较多的时间和精力。

（2）合理选取问卷发送形式。调查方式对问卷的回复率具有重大影响，在条件允许的情况下应尽可能采用访问问卷、送发问卷或电话问卷等回复率较高的发送方式进行调查（表3-2）。

表 3-2　问卷调查方式回复率经验比较

问卷方式	报刊问卷	邮寄问卷	电话问卷	送发问卷	访问问卷	网络问卷
回复率	10%～20%	30%～60%	50%～80%	接近100%	接近100%	可高可低

（3）注重选题的吸引力和问卷设计质量。调查课题是否具有吸引力、被调查者是否有回答意愿和兴趣以及问卷的设计质量如何等，是提高问卷回复率的根本性和核心性问题。而社会生活中的重大问题、热点和焦点问题，与被调查者切身利益相关的问题、新鲜事物

等能够引起被调查者的浓厚兴趣和较大的回答积极性。问卷的质量取决于问卷的内容、问题的表述以及回答的类型和方式，也取决于问卷的形式、长度和版面设计等。

（4）争取权威机构和知名单位支持协助。问卷调查主办单位的权威性和知名度对被调查者对参与问卷调查的信任程度和合作意愿产生重大影响。党政机关和企事业单位、上级机关和下级机关、专业性机构和一般性机构、单位集体和个人、教师和学生等相比较，前者往往比后者更能够获得更大支持合作，问卷回复率也就更高。

3．无回答和无效回答

（1）对无回答和无效回答研究的必要性。在问卷调查工作过程中，总会出现无回答或无效回答的情况，这些问卷和具体情况不应当置之不理，应有针对性地开展研究。这样做既是评价调查结果、说明调查结论的代表性和适用范围的需要和必要性工作，同时也有利于及时总结和改进问卷调查的具体工作，因为无回答或无效回答的出现，本身既有被调查者的客观原因，也有调查者的主观原因。

（2）无回答和无效回答的研究方法。对于无回答的研究，应根据具体的调查方式采取不同的方法。如访问问卷和电话问卷在调查时即应当追问原因，送发问卷应通过送发机构或送发人员问询原因，对于邮寄问卷、报刊问卷和网络问卷等的情况研究起来比较困难，可以重点关注无回答的对象是否集中分布在某些地区、某些行业等，或者是人为因素所致。对于无效回答的研究，应以无效问卷的研究为重点，研究其无效的原因、比例、类型和分布等。总结出哪些是个性问题，哪些是共性问题。

3.2.1.6　问卷调查法的优缺点

1．问卷调查法的优点

（1）范围广，容量大。问卷调查是运用统一设计的问卷向被调查者进行调查，因此问卷调查法可以突破时空限制，在大范围内，对众多数量的被调查者同时开展调查。

（2）宜于定量研究。问卷调查大多是使用封闭型回答方式进行的调查。问卷调查法可以使用计算机及相关软件等对调查情况如问卷答案等进行整理、统计和分析，方便地开展定量研究。

（3）问题的回答方便、自由和匿名性。在问卷调查时，被调查者不必当面回答问题，调查者不必花费较多时间来接触被调查者（电话问卷和访问问卷除外），被调查者可以对问题进行从容思考。自填式问卷可以排除人际交往中可能产生的种种干扰，对调查者的人际交往能力要求较低，被调查者回答问题不署名，有利于对一些敏感、尖锐和隐私的问题进行真实性的调查和摸底。

（4）调查成本低。问卷调查法具有较高的效率，可以以较小的投入成本（如人力、财力、物力和时间等调查成本），来获取较多的社会信息。

2．问卷调查法的缺点

（1）缺乏生动性和具体性。问卷调查法大多只能获得书面的社会信息，难以了解到生动具体的社会现实情况，特别不适合对新情况、新问题和新事物等调查者无法预计的问题进行调查和研究。

（2）缺少弹性，难以定性研究。问卷调查的问卷和其所询问的问题、提供的答案大多是统一、固定的，很少有伸缩余地，难以发挥被调查者的主动性和创造性，难以适应复杂多变的实际情况，也难以对某问题开展定性研究或深入探讨。问卷调查法对被调查者有限制，如对三农问题进行调查时如果农民大多数是文盲或者半文盲，就无法采用问卷调查法。

（3）被调查者合作情况无法控制。问卷调查法的互动性和交流效果较差。被调查者如果不能看懂问卷，或者对问卷及其问题和答案等有不理解、不清楚的情况，难以获得指导和说明；被调查者的合作态度，如是认真填写还是随便敷衍、是亲自填写还是找人代填、是反映大众意识还是真实表达个人情感等，对此，调查者无法做到有效控制和适当把握，调查结果的真实性、可信度等难以测量。

（4）问卷回复率和有效率较低。问卷调查的问卷回复率和有效率对问卷调查的代表性和真实性具有决定性作用，但问卷回复率和有效率普遍较低，另外，也难以开展对无回答和无效回答的相关研究等。

调查问卷示例一

摊贩个体调查问卷

问卷编码：　　　　　　采集员：　　　　　　　　　　2018 年　　月　　日

亲爱的摊贩朋友，您好：

　　我们是××大学城乡规划专业的学生，我们正在进行一项关于城市中摊贩经营情况的调查，目的是了解您所遇到的困难和期望，以使城市在更新过程中为您提供更好的环境和相关政策。希望您能支持我们的调查。本次调查不记姓名，所涉及问题只做课题研究，采取匿名填写的方法，调查资料严格保密。请您根据自己的实际情况和想法回答，衷心感谢您的支持！

　　（将您认为最符合事实的选项填在横线上，其中题号带星号的为多选题）

一、基本情况

A1. 您的年龄_____（此题填数字）。

A2. 您已经摆摊多久了？_____

A. 1 年以内　　　　　B. 10 年以上　　　　　C. 具体年限_____（此选项填数字）

A3. 您来自_____。

A. 市区　　　　　B. 郊县　　　　　C. 省内　　　　　D. 外省

E. 其他_____

A4. 您的文化程度是_____。

A. 小学及以下　　　　　B. 初中　　　　　C. 高中、中专及中技　　　D. 大专及以上

A5. 您的家庭人口（一起吃住）_____。

A. 1 人　　　　　B. 2 人　　　　　C. 3～4 人　　　　　D. 5～6 人

E. 7 人以上

A6*. 您赚钱主要是为了_____。

A. 自给自足　　　　　B. 抚养子女　　　　　C. 增收　　　　　D. 养老

E. 还贷　　　　　F. 其他

A7*. 选择成为摊贩是因为_____。

A. 缺少资金　　　　　B. 有人介绍　　　　　C. 打发时间　　　　　D. 时间灵活

E. 没得选　　　　　F. 来钱快　　　　　G. 门槛低　　　　　H. 其他_____

A8. 您家里耕地情况是_____。

A. 没土地　　　　　B. 已荒废　　　　　C. 被承包　　　　　D. 家人打理

E. 失地

A9*. 您主要收入来源是_____。

A. 摆摊   B. 土地   C. 工资   D. 打工

E. 社保   F. 其他_____

二、营业地点与时间

B1. 您摆摊的地点_____。

A. 很固定，就在同一个地点   B. 较为固定，会在几个固定地点

C. 不太固定，视具体情况而定   D. 极不固定，一天换几个地方

B2. 您从家到摆摊地点一般耗时_____。

A. 五分钟以内   B. 一刻钟以内   C. 半小时以内   D. 一小时以内

E. 一小时以上

B3*. 您出摊的时间一般是（请在您经常出摊的时间段下的"□"打"√"号）：

时段	00	01	02	03	04	05	06	07	08	09	10	11	12	13	14	15	16	17	18	19	20	21	22	23
出摊	□	□	□	□	□	□	□	□	□	□	□	□	□	□	□	□	□	□	□	□	□	□	□	□

B4*. 您选择这里摆摊的原因是_____。

A. 离家近   B. 无城管   C. 人流大   D. 有熟人

E. 环境熟悉

F. 其他_____

B5. 如果为您在此处提供一个固定经营地点，您是否愿意固定？_____

A. 愿意   B. 不愿意

B5-1*. 您能接受的摊位形式有_____。

A. 地面界限   B. 简易的棚屋   C. 门面房   D. 活动板房

E. 无所谓   F. 其他形式

B5-2. 您每月能接受的最高摊位费是_____。

A. 300元以下   B. 301～500元   C. 501～1 000元   D. 1 001～1 500元

E. 1 500元以上

B5-3. 您不愿意固定的原因是_____。

B6. 您去过便民摆摊点吗？去或者不去的理由是什么？您对便民摆摊点的看法是什么？

A. 现状挺好   B. 不想多花钱   C. 摆摊位置不固定

三、收入与消费

C1. 您一般在什么时候收益较好？_____

A. 春天   B. 夏天   C. 秋天   D. 冬天

E. 无差异

C2. 您一般每月收入多少元？_____

A. <1 000元   B. 1 001～2 000元   C. 2 001～3 000元   D. 3 001～4 000元

E. 4 001～5 000元   F. 5 001～6 000元   G. >6 000元

C3. 您多久进货一次？_____

A. 每天   B. 一周左右   C. 半月左右   D. 一个月左右

E. 自产自销

C4. 您进货一次要花费多少钱？_____

A. 200元以下   B. 201～500元   C. 501～1 000元   D. 1 001～2 000元

E. 2 001～3 000元   F. 3 000元以上

C5. 您的月生活消费（包括吃饭、住宿、看病等）：_____

A. 1 000元以下   B. 1 001～1 500元   C. 1 501～2 000元   D. 2 001～2 500元

E. 2 501～3 000 元　　　　　　　F. 3 000 元以上

四、上升渠道（经济支持＋社会支持网络＋未来预期＋社会保障）

D1. 您对目前的经济收入状况_____。

A. 满意　　　　　　　　B. 较满意　　　　　　C. 一般　　　　　　D. 不太满意

E. 不满意

D2. 您增加收入的最大困难是_____。

A. 地段不好　　　　　　B. 物价房价高　　　　C. 启动资金少　　　D. 社会关系

E. 客源少　　　　　　　E. 无固定经营场所　　G. 城管及其他

D3. 您羡慕城里人吗？_____您与其他人相处感到自卑吗？_____

A. 有　　　　　　　　　B. 无

您对现在的生活满意吗？_____您是否感到幸福？_____

A. 是　　　　　　　　　B. 否

您觉得西安好吗？_____您对西安有感情吗？_____

A. 有　　　　　　　　　B. 无

您是否觉得生活安稳？_____您有信心继续在城里生活吗？_____

A. 有　　　　　　　　　B. 无

城市没有提供足够允许摆摊的空地，您是否觉得公平？_____

A. 是　　　　　　　　　B. 否

D4. 您在经济收入遇到困难时，一般都找谁帮忙_____

A. 亲戚　　　　　　　　B. 朋友　　　　　　　C. 自己解决

D5. 您一般与谁一起进货：_____

A. 家人　　　　　　　　B. 朋友　　　　　　　C. 自己　　　　　　D. 其他

D6. 您有一定的固定客源吗？_____

A. 有　　　　　　　　　B. 没有　　　　　　　C. 原来地段有，现在没有　D. 说不上来

D7. 您与城管发生过冲突吗？_____

A. 没有　　　　　　　　B. 偶尔　　　　　　　C. 经常

D8. 在您日常生活中都和哪些人有交集？_____频率分别是多少？_____

D9. 如果没有城管干预，您的收入会：_____

A. 突飞猛进　　　　　　B. 稍有上升　　　　　C. 保持现状　　　　D. 会有下降

D10. 将来有什么打算：_____

A. 身体允许就继续干下去　B. 子女接班帮忙　　　C. 建立固定商店　　D. 转行

E. 停业　　　　　　　　F. 其他

D11. 下列哪项您在享受：_____

A. 低保　　　　　　　　B. 医保　　　　　　　C. 养老保险

D12. 您有使用移动支付吗？_____一般用哪些 App：_____您觉得怎么样？_____

D13. 您觉得现状下整个摆摊行业的发展，需要去除哪些：_____留下哪些：_____

问卷已经完成，感谢您的用心回答，祝您客源滚滚，财运连连！

五、调查员观察（下列问题由调查人员填写，勿填！）

E1. 调查地点：_____。

E2. 对象编号：_____（此题填数字，与观察表格一致）。

E3. 营业人数：_____（此题填数字）。

E4. 经营地点：_____。

A. 城市道路　　　　　　B. 人行道　　　　　　C. 生活路　　　　　D. 市场周围

E5. 经营种类：_____。

A. 1 类　　　　　　　　B. 2 类　　　　　　　C. 3 类　　　　　　D. 4 类

E6. 经营方式：_____。

A. 地摊　　　　　　　　　B. 三轮车或摩托车　　　C. 面包车　　　　　　　D. 沿街铺桌

E. 餐饮车

E7. 经营内容：_____。

A. 蔬菜　　　　　　　　　B. 水果和干果　　　　　C. 饮食小吃　　　　　　D. 便民修理

E. 水产肉蛋禽　　　　　　F. 日用百货　　　　　　G. 工艺饰品　　　　　　H. 其他_____

调查问卷示例二

问卷编号：_____　　　　　　　　　调查公司：_____

调查日期：_____　　　　　　　　　调查人编号：_____

北京西路及其周边规划设计产业集群现象调查问卷

您好！我们是××大学建筑学院城乡规划专业的学生。为了解北京西路及其周边规划设计相关产业集群现象，探索产业的集群特征及相关产业的存在对企业选址的影响，我们进行了此次调查。本次调查是匿名调查。我们将严格遵循《中华人民共和国统计法》，对您的一切信息严格保密，请您填写您的真实看法。

您的回答将帮助我们深入了解集群中的规划设计相关产业公司的近来发展状况，有助于我们对该集群现象的分析与探索，望您抽出宝贵时间真诚做答，谢谢！

一、个人信息

1. 您的性别_____。

A. 男　　　　　　　　　　B. 女

2. 您的年龄_____。

A. 20～25岁　　　　　　　B. 26～29岁　　　　　　C. 30～39岁　　　　　　D. 40～49岁

E. 50～59岁　　　　　　　F. 60岁及以上

3. 您在现在的单位就职的时间_____。

A. 6个月以内　　　　　　　B. 6个月到1年　　　　　C. 1～3年　　　　　　　D. 3～5年

E. 5年以上

4. 您的职业类型_____。

A. 设计师　　　　　　　　B. 技术维护人员　　　　C. 行政管理人员　　　　D. 其他_____

5. 您的学历_____。

A. 专科　　　　　　　　　B. 本科　　　　　　　　C. 硕士　　　　　　　　D. 博士

6. 您的居住地_____。

A. 玄武区　　　　　　　　B. 白下区　　　　　　　C. 秦淮区　　　　　　　D. 建邺区

E. 鼓楼区　　　　　　　　F. 下关区　　　　　　　G. 其他

7. 您日常上班的交通工具_____。

A. 步行　　　　　　　　　B. 自行车　　　　　　　C. 公交车　　　　　　　D. 地铁

E. 汽车

8. 您日常上班时花费在路上的时间_____。

A. 30分钟以内　　　　　　B. 30分钟～1个小时　　C. 1～1.5小时　　　　　D. 1.5小时以上

二、机构自身信息

9. 您所在的公司在其他地方是否有下属机构？

A. 没有

B. 有　下属机构的名称_____　　　　位置_____

　　　　人数规模_____　　　　　　机构类别_____

10. 您所在的公司是否是其他单位的下属机构？

A. 否

B. 是　上级单位的名称：_____　　位置：_____

　　　　人数规模：_____　　机构类别：_____

11. 您所在公司的总人数：_____。

A. 20 以下　　　　　　　　　　B. 20～50　　　　　　　C. 50～100　　　　　D. 100～300

E. 300～500　　　　　　　　　　F. 500 以上

12. 您所在的机构类别是_____。

A. 设计院　　　　　　　　　　B. 咨询公司　　　　　　　C. 工作室　　　　　　D. 其他_____

13. 您公司的业务范围有_____（多选）。

规划设计：□建筑设计□城市设计□景观设计□室内设计□环艺设计□照明设计□给水排水□电力设计

项目前期服务：□前期策划□项目招标代理

效果表现：□文本与效果图□模型制作□多媒体制作

咨询性技术服务：□造价，翻译，高端计算，性能化设计，产品策划，交通研究，产业研究，生态研究等

施工及监测服务：□施工监理□施工图审查□检测（材料、结构、专项）

资质合作：□国外公司□无资质公司

扩初及施工图服务：□扩初及施工图服务

科研：□项目科研□建筑材料研发□建筑构件研发

工程软件：□工程软件（幕墙、钢结构、机械、电气、遮阳，其他_____）

三、机构合作信息

14. 您倾向其他公司提供哪些服务？

项目前期服务	□前期策划	□项目招标代理	
对应机构人数_____　　　　　名称_____ 机构类别_____　　　　　位置_____			
效果表现	□文字与效果图	□模型制作	□多媒体制作
对应机构人数_____　　　　　名称_____ 机构类别_____　　　　　位置_____			
咨询性技术服务	□造价□翻译□高端计算□佳能化设计□产品策划□交通研究 □产业研究□生态研究□其他_____		
对应机构人数_____　　　　　名称_____ 机构类别_____　　　　　位置_____			
施工监测服务	□施工监理	□施工图审查	□检测（□材料□结构□专项_____）
对应机构人数_____　　　　　名称_____ 机构类别_____　　　　　位置_____			
资质合作	□国外公司，无资质公司	□扩初及施工服务	
对应机构人数_____ 机构类别_____ 名称_____ 位置_____		对应机构人数_____ 机构类别_____ 名称_____ 位置_____	

设计	□建筑设计	□城市设计	□景观设计	□室内设计
对应机构人数_____ 名称_____ 机构类别_____ 位置_____				
设计	□环艺设计	□照明设计	□给水排水	□电力设计
对应机构人数_____ 名称_____ 机构类别_____ 位置_____				
科研	□项目科研	□研发		□建筑构件研发
对应机构人数_____ 名称_____ 机构类别_____ 位置_____				
工程软件	□工程软件（幕墙、钢结构、机械、电气、遮阳、其他_____）			

15. 您的公司需要其他公司提供哪些服务？

项目前期服务	□前期策划	□项目招标代理	
对应机构人数_____ 名称_____ 机构类别_____ 位置_____			
效果表现	□文本与效果图	□模型制作	□多媒体制作
对应机构人数_____ 名称_____ 机构类别_____ 位置_____			
咨询性技术服务	□造价□翻译□高端计算□性能化设计□产品策划□交通研究 □产业研究□生态研究□其他_____		
对应机构人数_____ 名称_____ 机构类别_____ 位置_____			
施工监测服务	□施工监理	□施工图审查	□检测（材料、结构、专项）
对应机构人数_____ 名称_____ 机构类别_____ 位置_____			
资质合作	□国外公司，无资质公司	□扩初及施工服务	
对应机构人数_____ 机构类别_____ 名称_____ 位置_____		对应机构人数_____ 机构类别_____ 名称_____ 位置_____	
设计	□建筑设计	□城市设计	□景观设计	□室内设计
对应机构人数_____ 名称_____ 机构类别_____ 位置_____				
设计	□环艺设计	□照明设计	□给水排水	□电力设计
对应机构人数_____ 名称_____ 机构类别_____ 位置_____				
科研	□项目科研	□建筑材料研发	□建筑构件研发

对应机构人数＿＿＿＿＿＿　　名称＿＿＿＿＿＿＿＿＿＿＿＿＿＿＿＿＿＿＿＿
机构类别＿＿＿＿＿＿　　　　位置＿＿＿＿＿＿＿＿＿＿＿＿＿＿＿＿＿＿＿＿

□工程软件（幕墙、钢结构、机械、电气、遮阳、其他＿＿＿＿＿＿＿＿＿＿＿）
对应机构人数＿＿＿＿＿＿　　名称＿＿＿＿＿＿＿＿＿＿＿＿＿＿＿＿＿＿＿＿
机构类别＿＿＿＿＿＿　　　　位置＿＿＿＿＿＿＿＿＿＿＿＿＿＿＿＿＿＿＿＿

四、周围设施

16. 您平时在周边休闲娱乐的地点有哪些？＿＿＿＿＿＿

A. 餐馆　　　　　　　　　B. 咖啡馆　　　　　　　C. 体育设施　　　　　D. 书店

E. 商场　　　　　　　　　F. 其他＿＿＿＿＿＿＿

17. 从单位步行到达这些场所花费时间？＿＿＿＿＿＿

A. 5 分钟以内　　　　　　B. 5～20 分钟　　　　　C. 20 分钟以上

18. 您上班时在哪里用午餐？＿＿＿＿＿＿

A. 单位食堂（每周＿＿＿次）　　B. 餐馆（每周＿＿＿次）　　C. 外单位食堂（每周＿＿＿次）

D. 自带（每周＿＿＿次）　　　　E. 外卖（每周＿＿＿次）

19. 您是否参加过相关职业培训 / 资格考试＿＿＿＿＿＿？

A. 否

B. 是　　培训的次数＿＿＿＿＿＿　时间长度＿＿＿＿＿＿　位置＿＿＿＿＿＿　专业类型＿＿＿＿＿＿

3.2.2　文献调查法

3.2.2.1　文献调查法概述及其主要类型

文献是人类获取知识的重要途径，是人类积累知识的重要宝库。文献调查法即历史文献法，就是收集各种文献资料、摘取有用信息、研究有关内容的方法。文献调查法贯穿社会调查工作的始终，是一种独立的调查研究方法。文献调查法是指根据一定的调查目的进行的收集、鉴别、整理文献资料，储存和传递与调查课题相关的信息，并通过对文献的研究形成对事实的科学认识，从而了解调查对象的事实，探索调查课题的方法。

文献调查法的作用在于：①了解与调查课题有关的各种认识、理论观点和调研方法等，为提出研究假设、设计调查方案和确定调查方法等提供重要参考。②了解与调查课题有关的已有调研成果，通过比较研究前人或他人已有的调研成果作为工作基础，认识课题的研究现状，对于设计调查方案等具有重要参考价值，少走弯路，避免调研工作的盲目性和重复劳动。③了解和学习与调研课题有关的方针、政策和法律法规，端正调研工作指导思想，保证调研工作顺利进行。④了解调查对象的历史和现状，通过了解调查对象的性质状况和所处环境条件，可以及时、全面、正确地认识调查工作对象，对有针对性地科学设计调查方案具有重要价值等。

文献调查法不与调查对象直接打交道，而是间接地通过查阅各种文献获得信息，一般也称为"非接触性方法"。文献调查法依据的是文献资料。文献资料的种类繁多，常用的分类方法有以下几种：

（1）根据存在形式的不同，文献资料可分为文字文献资料、数字文献资料、音像文献资料、机读文献资料、卫星文献资料等。

文字文献资料是以纸为媒介，用文字表达内容，通过铅印、油印和胶印等方式记录保存信息的文献。它是应用最广泛的文献形式，是信息的主要载体，包括出版物，如报纸、杂志、书籍等；档案，如会议记录、备忘录、大事记等案卷；个人文献，如笔记、日记、供词自传、信件等。城乡空间社会调查中常用到的专业资料包括调查内容涉及领域的著作、相关的报纸报道、杂志文章，以及重要办公会议和规划评审会议的会议记录。另外，随着国内数字图书馆的迅速发展，全国大部分高等院校都已建立数据库或数字图书馆的镜像站点，因此通过校园网，各高校的校内师生可以方便地免费检索和下载各种文献资料（图3-15）。

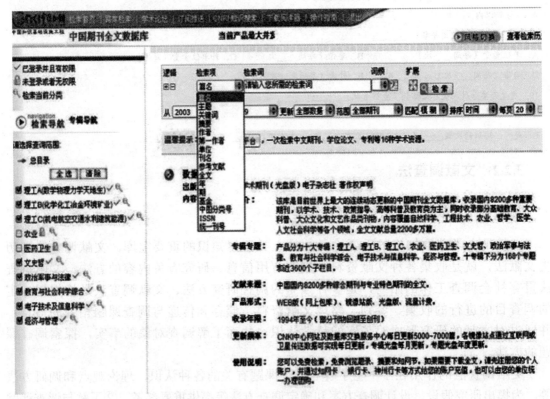

图3-15 中国"知网"是最常见的文献资料

数字文献资料，或称统计文献资料，是指用数据、表格等形式记载的资料，包括统计报表、统计年鉴等。这一类文献资料在文献调查中正在发挥越来越重要的作用。城乡空间社会调查中常用到的数字文献资料主要包括相关社会经济统计数据的各类年鉴，如城市统计年鉴（图3-16）、国土统计年鉴、城市建设统计年鉴等。

图 3-16　中国城市统计年鉴

音像文献资料是以音频、图像、视频形式反映一定社会现象的文献资料，主要有图片、照片、胶片、唱片、录音、电影、电视、录像、幻灯片等。这类文献资料形象直观，易于传播。城乡空间社会调查中常用到的音像文献资料包括该区域的历史纪录片、历史照片和录音等。

机读文献资料是以磁盘、光盘为媒介的"电子出版物"，就是将文字、声音、图像动画等信息数字化后存储于光盘或磁盘上，借助于计算机（或其他电子设备）以及专用软件来读取的"出版物"。这类文献资料存储密度高，易于复制，而且检索速度快，极大地增加了出版物的信息容量，提高了文献调查的效率和文献资料的利用率，将成为文献调查中日益重要的途径。一般在城乡空间社会调查中，用到的地形图等保密性资料都采用光盘和磁盘的形式进行储存。

卫星文献资料是指卫星或其他宇宙飞行器对地球表面扫描拍摄的图像和数据的复制件。在城乡空间社会调查中，常常利用不同时期拍摄的卫片来分析该区域的发展演化历史过程，或通过卫片进行现状情况的辅助调查（图3-17）。

图3-17 遥感图

（2）根据加工程度的不同，文献资料可分为原始文献资料和次级文献资料。

原始文献资料是指未经加工的最原始文献或者仅在描述性水平上整理加工的资料，如未经发表的书信、笔记、日记、手稿、讨论稿、草案和原始记载、实验记录、会议记录、谈话记录、观察记录、档案、统计报表等。它是没有经过中介的第一手文献，往往是由社会事件或行为的直接参与者撰写的第一手资料，或见证者的直接叙述。

次级文献资料是指研究者根据一定的研究目的系统整理过的资料，如综述、述评、文摘年鉴、辞典、动态、百科全书等。它往往不是事件的直接参与者撰写的，其资料或者来自原始资料，或者来自他人的研究成果。有的资料几经转手，常常已经是第二手、第三手资料了（图3-18）。

农村土地开发整理与农村经济转型发展研究

田　军

（大同市浑源县国土资源执法监察大队，山西大同 037400）

摘　要：现阶段，国内经济进入全新的发展阶段，随着"三农"政策的提出，新农村建设成为社会关注的焦点。土地是自然资源的重要组成部分，更是农民生产生活的根本，提高土地经济效益、增加粮食产量，进而实现农业增产以及农民增收，是必须重视的工作。目前，我国人均耕地面积仅为 0.08 hm^2，随着人口数量的持续增长，这一数字将在未来一段时期内不断下降。为此，要明确在总体土地资源有限的情况下如何推进农村经济的转型发展。本文对此类问题进行了详细分析，希望对进一步推进相关工作的优化落实有所启示。

关键词：农业增产；农民增收；农村经济；结构调整；策略

中图分类号：F301.2　　　　**文献标志码**：A　　　　**文章编号**：1672-3872（2019）10-0083-01

图 3-18　综述类文献（典型的次级文献资料）

由于原始资料常常难以找到，因此在文献调查中往往依赖次级资料，这虽然比较方便也可以加快研究速度，但是有的资料由于几经转手，可能会有前面的文献加工者对次级文献的主观看法，所以其可靠程度有所下降。因此，在充分利用次级文献资料的过程中，还应重视原始文献资料的收集和利用，如果有必要，还应通过实地调查来收集资料、提高资料的可信度。

（3）根据公开化程度及来源的不同，文献资料可分为正式的文献资料和非正式的文献资料。

正式的文献资料是指国家颁布的法规政策，各级行政部门、学校等制定或发布的工作计划、工作总结、指示、命令等，还包括已出版或发表的著作、报刊、统计资料、学术论文、研究报告等（图 3-19）。

非正式的文献资料则是指非正式出版的各种著作、论文、报告、计划以及未出版发表的调查资料、统计资料等。

图 3-19　城市综合交通规划方案

3.2.2.2　文献调查法的方法

1. 文献检索工具

所谓检索就是查找、寻求、探索的意思。文献检索就是查找和搜索文献的文献调查工作过程。它包括两层含义：①文献检索线索的查找——利用文摘、目录索引等进行查找，查出社会调查课题所需要的图书名称和期刊。②特定的文献信息的查找——也就是查到文献线索之后寻找原始文献的过程。每一种文献检索工具都具有存储和检索的功能，也就是说，它一方面将文献特征逐一记录和存储下来，使之成为查找的线索；另一方面又同时提供检索手段，使读者可以利用较少的时间获取大量内容丰富的文献资料线索。

2．文献检索工具的分类

根据不同的划分方法，文献检索工具可划分为不同的类型：

（1）按照内容形式不同划分。按照内容形式的不同，文献检索工具可划分为以下类型：

①目录性检索工具。目录是按照某种明白易懂的顺序所编排的文献清单或清册，通常以一个完整的出版单位或收藏单位为著录的基本单位。目录对文献的描述比较简单，仅记录其外表特征，如图书的名称、著者、出版事项等。目录是进行出版物登记、统计、报道、指导阅读、科学管理图书资料的工具。目录的种类较多，分类方法也多，按照职能划分主要有出版发行目录、馆藏目录、资料来源目录（不能作为检索工具）等。

②文摘性检索工具。文摘是指对一份文献所做的简略、准确的摘录，它通常不包含对原文的补充、解释或评论。所谓文摘性检索工具就是一种描述文献的外部特征，并简明扼要地介绍摘录文献内容要点的检索工具，文摘能够通报最新的科学文献，深入展示文献内容，吸引读者阅读原文，同时也有助于确定原文内容与检索要求的相关程度，以便准确地选择文献。

③索引性检索工具。索引是按照某种可查顺序排列，并能将一种文献中相关的文献、概念或其他事物指引给读者的一种指南或工具。其特点是不直接提供文献资料，而只提供查找线索。如《全国报刊索引》，只能告诉人们某篇文章的出处，而不能直接提供这篇文章的内容，读者必须根据提供的出处再去查阅原文。索引的种类较多，按照细排查找途径划分，可分为字顺索引、号码索引等；按照检索标识名称划分，可分为篇名索引、人名索引、地名索引、句子索引等。

（2）按照出版形式不同划分。按照出版形式的不同，文献检索工具可划分为以下类型：

①期刊式——有统一的名称，以年、卷、期为单位，定期连续性出版，如《城乡规划》《城乡规划汇刊》《城市发展研究》等期刊。它们能及时反映城乡规划科学研究的新水平、新动向。收录的文献以近期的为主，通常有总目录、分期目录或其他索引，以供检索；它们是检索工具的主体。

②附录式——附在图书、期刊之末或中间，最常见的有"参考文献目录""引用书目""注释"等，供读者复核或进一步研究用。

③单卷式——又称专题目录，它是根据一定时期，围绕一定的科研课题而编制的检索工具。其特点是专业性强，收录集中，文献积累时间较长，以特定范围为服务对象。

④卡片式——以卡片形式按一定排列方法，如分类法、主题法等组织形成的检索工具，查找时只要按卡片标识方法便可查到有关文献，它可按照使用者的需要灵活自由地排列组合，同时又可随时更新，一般图书馆的馆藏就是使用这种方法。

⑤胶卷式——以胶卷和胶片形式出版的检索工具，是一种稳定式的情报记录载体，可以借助于阅读器或计算机进行阅读。

3.2.2.3　文献调查法的途径

文献调查途径是指利用什么检索工具和通过什么样的方式进行文献检索。不同的检索工具，其揭示文献的角度不同，也各有其排列体例，必须根据检索工具自身的特点选择具体的检索途径。

1. 题名途径

题名就是文献题目的名称，如图书题目名称、报刊名称、文章标题等。一般来说，题名也就是能够集中、概括地表明一种文献的主要特征。属于这种检索途径的主要包括书名目录、刊名目录、书名索引、刊名索引、篇名索引等检索工具。通过这种途径查找文献资料必须要掌握文献的具体名称，但是，按照题名系统组织的检索工具，基本上不能将内容主题相同的文献集中起来。

2. 分类途径

分类途径是指按学科分类体系和事物性质进行编排和检索文献的途径，它能够较好地满足于检索要求。目前的图书分类法有三种：《中国图书馆图书分类法》《中国科学院图书分类法》和《中国人民大学图书馆图书分类法》，其中最常采用的是《中国图书馆图书分类法》分类（表 3-3）。通常见于期刊、报纸上的文献的分类索引，也有专门的分类期刊检索工具。需要说明的是，分类途径准确检索的前提是分类编制工作的准确，一些学科交叉、主题因素复杂的文献，在分类编制中容易造成失误和偏差，会导致分类途径检索的遗漏和失误。

3. 著者途径

著者途径是根据已知著者的名字，查找该著者所发表的文献途径。著者在目录学中也叫作责任者，是指对文献内容进行创造、整理等负有直接责任的个人或团体。通过著者途径检索文献的工具书有著者目录、著者索引、机关团体索引等，可以首先查找著者的文章或著作的名称和出处，再通过其他途径来获得文献的原文。

4. 主题途径

主题途径是指以代表文献内容实质的主题词以及派生出来的关键词、单元词、叙词等作为检索标识的一种检索文献途径。主题词是用来表征文献的、主要内容特质的、经过规范化的名词或词组，它能够简捷而准确地揭示文献所表达和处理的中心内容，具有重要的检索意义。属于这一途径的检索工具有主题目录、主题索引、关键词、叙词索引或单元词索引等。由于主题索引是以规范的词或词组作为检索标识的，因此表达的概念比较准确，可以及时反映科学的新概念，适合于检索比较艰深的文献。

5. 序号途径

序号途径是指以文献特有的编号为特征，按照编号大小顺序编排和检索的途径。这一途径使用的工具有"报告号索引""合同号索引""专利号索引"等。它查找方便，但适用范围小，主要适用于专业领域内的特殊检索。

6. 其他途径

查阅有关专著或学术论文中的引文、引文出处的注释、参考文献等相关文献，可以扩展文献检索的线索，最终找到自己所需要的文献。另外，通过类书、地方志、手册、百科全书、丛书、表谱、图录、名录等也可以获得具体的文献资料或文献检索线索。

表3-3 图书分类法简表（第四版）

A	马克思主义、列宁主义、毛泽东思想、邓小平理论	TD	矿业工程
B	哲学、宗教	TE	石油、天然气工业
C	社会科学总论	TF	冶金工业
D	整治、法律	TG	金属学与金属工艺
E	军事	TH	机械、仪表工业
F	经济	TJ	武器工业
G	文化、科学、教育、体育	TK	能源与动力工程
H	语言、文字	TL	原子能技术
I	文学	TM	电工技术
J	艺术	TN	无线电电子学、电信技术
K	历史、地理	TP	自动化技术、计算机技术
N	自然科学总论	TQ	化学工业
O	物理科学和化学	TS	轻工业、手工业
P	天文学、地球科学	TU	建筑科学
Q	生物科学	TV	水利工程
R	医药、卫生	U	交通运输
S	农业科学	V	航空、航天
T	工业技术	X	环境科学、安全科学
TB	一般工业技术	Z	综合性图书

3.2.2.4 文献调查法的优缺点

1. 文献调查法的优点

（1）调查范围较广。文献调查所研究的是间接性的第二手资料，其调查对象既不是历史事件的当事人，也不是历史文献的编撰者，而是各种间接的历史文献资料。文献调查法可以超越时空条件的限制，研究那些不可能亲自接近的研究对象，可以对古代和现在、中国和外国、本地和外地等多种条件下的内容进行广泛研究。

（2）非介入性和无反应性。文献始终是一种稳定的存在物，不会因研究者的主观偏见而改变，这为研究者客观地分析一定的社会历史现象等提供了有利条件。文献调查法不接触有关事件的当事人，不介入文献所记载的事件，在调查过程中不存在与当事人的人际关系协调问题，不会受到当事人反应性心理或行为的影响。

（3）书面调查误差较小。文献调查多为书面调查，用文字、数据、图表和符号等形式记录下来的文献，比口头调查等获得的信息更准确、可靠。文献调查法不与被调查者接触，不介入被调查者的任何活动，不会引起被调查者的任何反应，这就避免了调查者与被调查者互动过程中的反应性误差。

（4）调查方便、自由。文献调查法受到外界制约因素较小，对于调查者的口头表达和组织管理等能力要求较低；文献调查不需要对调查时间和调查地点等提前进行策划和安排，调查形式方便，可以根据调查者的实际工作学习情况灵活开展；另外，文献一般集中存放在档案馆、图书馆、研究中心等地方，文献调查可以随时、反复进行，如果一次没有调查清楚，可以再进行第二次、第三次甚至更多次的调查等。

（5）花费人财物和时间较少。文献调查法不需要大量调查和研究人员，不需要特殊设备，花费人力、财力、物力和时间较少。如文献调查的费用支出主要是复印费、转录费和交通费等，比其他调查方式的花费要节省得多，可以以较小的成本和代价，去换取、获得比其他调查方法更多的信息，是一种高效率的调查方法。

2．文献调查法的缺点

（1）文献落后于现实。在一般情况下，文献调查法不是对社会现实情况的调查，而是对人类社会在过去的时间曾经发生过的事情所进行的调查。社会不断变化和发展，新的事物、现象、情况和问题不断涌现，文献总是落后于现实，文献调查所获得的信息与客观现实情况之间总会存在一定的差距，对文献的调查与对现实的理解也总有一定的遗憾。

（2）信息缺乏具体性和生动性。文献调查主要是获得书本上的东西，信息内容比较生硬、呆板；文献调查法难以获得丰富的社会经验，特别是对于社会现象发展过程的描述一般较少；文献的记载有着一定的时代背景和局限，且受到文献作者主观因素的影响较大，同调查者的调查目的之间总是存在差距和遗憾，要收集到比较系统、全面的高质量文献比较困难；文献对特殊事件（如社会敏感问题）的记载等一般都会有所保留等。"纸上得来终觉浅"，这是文献调查较大的局限性。

（3）对调查者的文化水平特别是阅读能力要求较高。文献调查中对文献的收集和分析工作相当重要，对于文化水平较低或阅读分析文献能力较差的人不大适合。文献调查主要是阅读大量的文献资料，且这种文献资料以纸质文献为主，调查工作比较枯燥、乏味，如果调查者缺乏一定的意志力和甘于寂寞的精神，文献调查工作将难以达到预期效果。

总之，文献调查法是一种基础性调查方法，文献调查和其他调查方法一起结合起来使用，并且总是首先进行文献调查，做出文献综述，然后采用其他调查方法继续深入调查和研究。

3.3 访谈调查法和实地调查法

3.3.1 访谈调查法

3.3.1.1 访谈调查法概述及其主要类型

访谈调查法就是访问者有计划地通过口头交谈等方式，直接向被调查者了解有关调查问题或探讨相关城市社会问题的社会调查方法。

1. 根据访问调查内容划分

根据访问调查内容的不同，访谈调查可分为标准化访谈和非标准化访谈。

标准化访谈是指按照统一设计的、具有一定结果的问卷所进行的访问，可称为结果式访谈。这种方式要对选择访问对象的标准和方法、访谈中提问的内容、方式和顺序、被访问者回答的记录方式等进行统一设计，对访问结果进行统计和定量分析，以便于对不同的访问答案进行对比研究等。

非标准化访谈就是按照一定调查目的和一个粗略的调查提纲开展访问和调查，又可称为非结构访谈。这种方式对访谈中询问的问题仅有一定的基本要求，提出问题的方式、顺序等都不做统一规定，可以由访问者自由掌握和灵活调整。如对于居住区居民使用服务设施的调研，可以先笼统地询问各类设施的使用概况，而每个人对于设施关注程度会有不同，接下来就针对该对象特别关注的设施类型进行进一步的访问调查，逐级诱导深入，不断挖掘有意义的信息。

2. 根据访谈调查方式划分

根据访谈调查方式的不同，访谈调查可分为直接访谈和间接访谈。直接访谈是访问者与被访问者进行面对面的直接访谈。间接访谈是访问者借助于某种工具，如通过电话、计算机、书面问卷等调查工具对被访问者进行的访谈。

3. 其他划分方式

根据调查对象的特点，访谈调查还可以分为一般访谈和特殊访谈、个别访谈和集体访谈、官方访谈和民间访谈等。对于城乡空间社会调查，官方访谈是十分重要的，因为城乡规划的编制和实施目前主要是政府主导的，因此对于政府意图和信息的收集就显得十分关键，只听居民、村民和一般个体的主观意见，往往会以偏概全，使调研结果出现偏差。

要取得访谈调查的成功，访谈者必须明确访谈调查一般经历的过程和阶段，并应该在访谈过程的各个环节上，注意熟练掌握和运用各种访谈技巧。如接近被访谈者时，对被访谈者的称呼应努力做到入乡随俗、亲切自然、尊重恭敬、恰如其分等；提问的话语应尽量简短，语言应尽可能做到通俗化、口语化和地方化，尽量避免使用学术术语和书面语言，提问速度要适中，既要使听话人听清楚，又要紧随听话者的回答及时提出新的问题。

3.3.1.2　访谈调查法的实施方法

1．访谈准备

（1）科学设计访谈提纲。访谈调查前应科学设计访谈提纲，包括详细的问题及其询问方式、问题的顺序安排等。如果是标准化访问，应该设计统一的访问提纲和问卷（图 3-20）。

西安火车站站前广场乘客候车情况调查问卷

朋友您好！

我们是来自 ×× 大学城乡规划专业的学生。城乡规划是对城乡发展建设的一种管理行为，最终体现广大人民的意志和利益，因此，吸取人民群众的意见可以让城乡规划建设更贴近人民，我们对西安火车站的站前广场乘客候车情况进行深入了解分析，提出有效建议并将现实情况向社会反映。本次调查是匿名调查。对您的一切信息严格保密，因此您可放心大胆如实填写问卷，万分感谢！

一、个人信息（此部分直接将信息填在横线上）

1．您的性别_____　　　　　　年　　龄_____（岁）

2．文化程度_____

3．职　　业_____　　　　　　月 收 入_____（元）

4．几点到此_____　　　　　　等几点的车_____

二、等候情况（此部分在所选选项上画钩）

5．您出行是否有人陪同（有，请选择多少人陪同）？

　　A．没有，就一个人　　　　B．有（1～2人、3～4人、5～8人、8人以上）

6．您选择当前地点候车的主要原因是什么？（单选）

　　A．安全　　　　　　　　　　　　　　B．有休息或放行李的地方

　　C．离厕所近　　　　　　　　　　　　D．离商店近

7．您以何种方式在此候车？（单选）

　　A．寻找公共座椅　　　B．倚靠行李　　　C．用纸张搭地铺　　　D．自带座椅

8．您在此候车消耗时间的主要方式（多选）

　　A．玩手机　　　　　　B．聊天　　　　　C．发呆　　　　　　D．看书报

9．这次旅行您对西安的印象怎么样？（单选）

　　A．脏乱差，需要整治　　　　　　　　B．脏乱，但是比其他城市好

　　C．比以前状况好　　　　　　　　　　D．需要深入了解

10．您出行重点考虑什么因素？（单选）

　　A．是否经济　　　　B．是否安全　　　C．是否舒适　　　D．是否方便

11．在能保证安全的情况下如果周围为您提供集中休息的地方或住所。您能接受的价位是多少？

　　（单选）

　　A．多少钱都不想　　B．10～20元　　　C．20～50元　　　D．50～100元

　　E．100～200元

12．在现有基础上您认为还需要增加哪些设施？（按需要程度从大到小进行排列。）

　　A．开水点　　　　　B．报刊亭　　　　C．厕所　　　　　D．手机电源

E. 临时行李寄存处

第一需要_____ 第二需要_____ 第三需要_____ 第四需要_____ 第五需要_____

其他_____

非常感谢您的配合！祝您玩得愉快，生活美满！

××大学

图 3-20　城乡空间社会调查获奖作品实例

西安火车站站前广场乘客长时间候车情况调查问卷

朋友您好！

我们是来自××大学城乡规划专业的学生。城乡规划是对城乡发展建设的一种管理行为，最终体现广大人民的意志和利益，因此，吸取人民群众的意见可以让城乡规划建设更贴近人民。我们对西安火车站的站前广场乘客长时间候车情况进行深入了解分析，提出有效建议并将现实情况向社会反应，如果您此次候车时间达 5 小时以上，即可填写以下问卷。本次调查是匿名调查，对您的一切信息严格保密，因此您可放心大胆如实填写问卷，万分感谢！

一、等候情况（此部分在所选选项上画钩）

1. 候车时间内，您能承受的最大消费额是多少？（单选）

    A. 10 元以下　　　　B. 10～20 元　　　　C. 20～30 元　　　　D. 30～50 元

    E. 50 元以上

2. 这次候车是否已经或者打算进餐？（单选）

    A. 是（请到第 3 题）　　　B. 否（请到第 4 题）

3. 已经或打算如何进餐？

    A. 自己带的食物　　　　　　　　　　B. 家里吃了再过来的

4. 为何不进餐？

    A. 没有必要进餐　　　　　　　　　　B. 饭菜太贵不想去

    C. 有行李不方便离开　　　　　　　　D. 对周边环境不太熟悉

5. 长时间在此候车，您是否有或者打算在周围活动？（单选）

    A. 是（请到第 6、7 题）　　　　　　B. 否（请到第 8 题）

6. 离开多长时间？

    A. 5 分钟以内　　　　B. 5～10 分钟　　　C. 10～30 分钟　　　D. 30 分钟以上

7. 离开多远距离？

    A. 3 米以内　　　　　B. 3～10 米　　　　C. 10～50 米　　　　D. 50 米以上

8. 为何？

    A. 没必要放松　　　　　　　　　　　B. 周围景观不好，没啥放松的

    C. 有行李不方便离开　　　　　　　　D. 对周围环境不熟悉

二、规划意见

9. 您对广场上的休息场所有什么意见？（多选）

    A. 没意见　　　　　　　　　　　　　B. 数量太少

    C. 座椅本身问题，不舒适　　　　　　D. 位置设计不佳

10. 您对广场上的其他设施是否有意见？如果有，请直接写在下面。

_____

_____

非常感谢您的配合！祝您旅途愉快，生活美满！

××大学

图 3-20　城乡空间社会调查获奖作品实例（续）

（2）恰当选取访谈时间、地点。访谈对于被访问者的精神状态、时间及访谈环境条件等要求较高。访谈时间的选择因人而异，一般应选择在被访问者工作、劳动和家务不太繁忙，心情又比较好的情况下进行。

（3）分析了解被访问者。要注意选择对访问内容比较熟知的人作为被访问者。选择访谈对象之后，要对被访问者的基本情况做尽可能多地了解，以利于灵活控制和调节访谈气氛等。

（4）拟订访谈实施程序表。通过拟订访谈实施程序表，对要进行的工作与时间全面安排，如访谈前阅读的资料；对有关访谈工作的文件资料事先准备；取得被访谈者的联系资料；约定时间、地点；如何对访谈过程进行控制；提前发现访谈可能存在的问题，并做出应对措施等（图 3-21）。

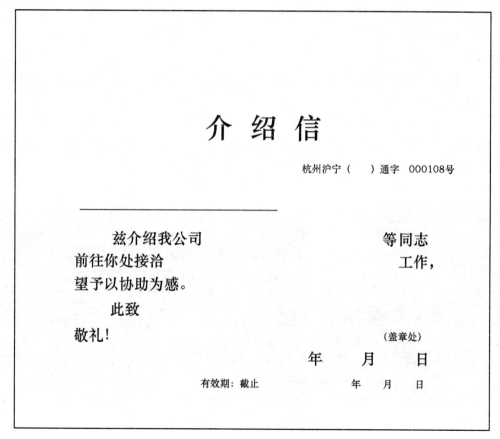

图 3-21　正式的介绍信是访谈实施程序的关键

2．访谈应注意的问题

（1）解释说明。在访谈开始时应注意说明来意，消除被访问者的疑虑和增进双方的沟通了解。主要应介绍自己的身份，说明调查课题的目的、意义、内容及被访问者的选择方式等。如在问每一个问题时都可以对调查目的和问题的意义做出简要说明，便于被访问者消除疑虑。

（2）礼貌待人。访谈过程中要始终注意虚心请教，礼貌待人。要有当小学生的精神，客随主便，注重当地风俗习惯，对于被访问者的某些落后意识和不良习惯能够包容，特殊情况下可以给予必要的真诚帮助。

（3）平等交谈。建立良好的人际关系是取得访谈成功的关键，没有平等的态度，则不可能有融洽的人际关系以及推心置腹地进行交谈。对于一些敏感性的、有争议的问题，访问者应该保持客观、中立的态度，不能有倾向性、诱导性的表示，以免误导被访问者的发言和想法。

（4）有意注意和无意注意。人的注意可以分为有意注意和无意注意。有意注意是指有自觉目的，需要一定的努力和自制的注意。无意注意则是指不需要任何努力或自制的注意。

3．捕捉非语言问题

非语言信息是调查访谈过程中应当关注的有重要价值的采访信息，主要包括被访谈者的形象语言、肢体语言以及访谈调查的环境语言等方面。

（1）形象语言。衣着、服饰等外部形象，是一个人的职业、教养、文化品位等内在素质的反映。

（2）肢体语言。人们的肢体语言和动作行为都是受思想、情感所支配的。访问者可以通过对被访问者肢体语言的观察来捕捉对方的思想和情感。

（3）环境语言。人们周围环境、活动状态和各种摆设等也蕴藏着一定的信息（图3-22）。如某一家庭的家具摆设，不仅能够反映出主人的职业和经济状况，而且能够表现出主人的修养、兴趣爱好和性格特征等，这些都是访谈过程中不可忽视的非语言信息。

图 3-22　上海的弄堂

4．访谈记录

（1）记录手段。访谈过程可以通过不同的手段进行记录。标准化访问可以用事先设计好的表格、问卷和卡片等进行记录。非标准访谈既可以边询问边记录，也可以一人询问，另一人记录，在征得对方同意的情况下还可以用录音机、摄像机等进行记录（注意非语言信息无法用录音机记录）。在通常情况下，笔记是最常用的访谈调查记录手段。

（2）记录类型。记录可分为三种类型：①速记。即用速记法把对方的回答全部记录下来和整理。②详记。即用文字当场做详细记录，不需要随后翻译。③简记。即简要记录访点，或采用一些符号或缩写做代表记录。

（3）记录内容。在访谈调查的记录工作中，记录内容应注意：①记要点。即记录主要事实、主要过程、主要观点和建议等。②记特点。即记录具有特色的事件、情节和表情等。③记要点。即记录各种有疑问的问题。④记易忘内容。即记录容易忘记的内容，如人名、地名和数据。⑤记主要感受。即记录访谈者的心理感受及被访谈者的非语言信息等。在访谈结束时，应该针对其中的重要内容请被访谈者核对或补充，以提高访谈调查的可靠性和准确性。

（4）记录技巧。德国心理学家艾宾浩斯的遗忘曲线表明，遗忘的进程是不均衡的，在识记后的短时期内遗忘得比较快，而以后逐渐缓慢，遗忘后如不经过重新学习，记忆就不能够再恢复，将会造成永久性遗忘。在访谈调查时，一定要及时做好访问笔记，及时整理笔记，加深记忆与认识。

（5）及时整理记录。在访谈调查期间应当及时整理记录，应注意：①访谈结束就着手整理笔记，不要想放松下或者隔天再整理，以免遗忘重要情况。②每次访谈结束即将记录重新整理、排列，做好小标题，以便于整理调查访谈的思路与所需材料。③记录本的每页不要记满，应当注意留出一些空白的边幅，以便于分析整理与补充材料时使用。④每次访谈调查结束，记录本使用完毕时，不要遗弃，应对其编号归类保存，以作为基本资料，今后再次调查时作为背景资料，或者用于其他目的的参考资料。

3.3.1.3　访谈调查法的优缺点

1．访谈调查法的优点

（1）适应范围广泛。与其他的调查研究方法相比，访谈调查是适应范围最广泛的一种调查方法。不同性别、不同年龄、不同职业、不同文化水平的人，只要具备一定的语言表达能力，就可以用访谈的方法进行调查。如对于能够听懂和表达简单语意的幼儿园儿童及老人，可以进行访谈。

（2）灵活性强。访谈是双方直接的交流与沟通，是互动的社会交往过程。因此，在访谈过程中，调查者可以随时了解访谈对象的反应，并根据当时的情境状况提出一些更合适的问题，或转换话题。有时，访谈对象可能表现出对某些问题的误解，调查者可以根据情况重复提问，或在允许的范围内做一些必要的解释和提示。这种灵活性不仅保证访谈的顺利进行，而且能够最大限度地收集到所需要的信息。

（3）成功率高。由于访谈是面对面地进行，调查者可以适当地控制访谈环境，避免其他因素的干扰，掌握访谈过程的主动权。因此，除了个别情况外，一般都能得到访谈对象的回应；而且会防止访谈对象草率从事，应付了事；另外，访谈者还可以通过重复提问和控制谈话过程等来影响和鼓励访谈对象的回答，因此回答率会有较大的提高。

（4）信息真实具体。访谈主要是面对面的语言交流，对访谈对象来说，不会像问卷调查那样有过多的限制或顾虑，他可以生动具体地描述事件或现象的经过，真实、自然地陈述自己的观点和看法，同时，由于访谈具有适当解说、引导和追问的机会，因此可探讨较为复杂的问题，获取新的、深层次的信息。另外，还可以观察被访者的动作、表情等非言语行为，以此鉴别回答内容的真伪。

2．访谈调查法的缺点

（1）代价较高。与问卷相比，访谈要付出更多的时间、人力和物力。因为访谈要一对一地进行，即使是召开座谈会也要受到人数的限制，因此一个访谈人员一天只能访问一个或几个被访者，而且，调查中数访不遇或拒访是常有的事情，这就使调查的费用和时间得到大大增加。另外，如果要扩大访谈的规模，增加研究的代表性，常常需要训练一批访谈人员，然后分赴各处访问，这又会增加研究费用的支出。

（2）易受访谈人员的主观影响。由于访谈是双方的直接接触，访谈人员的性别、年龄、容貌、衣着以及态度、语气、口音、价值观等特征，都可能引起被访者的心理反应，从而影响回答内容的真实性。尤其是在陌生人之间进行交谈，被访者容易产生种种猜测，产生不信任感，容易产生偏差。

（3）回答问题的标准性和重复性较差。访谈调查灵活性的负面作用就是其随意性，访谈对象对问题的回答往往会受到时间、地点和情境的影响，既没有统一的模式和标准，为结果的记录与整理增加了难度，又可能使访谈者回答的内容与观点产生前后不一致甚至矛盾的情况发生，影响结论的推断。

（4）记录较困难。调查者在访谈过程中要投入的时间、精力较多，谈话的内容丰富、结构较差，加之访谈的流程又长，要将谈话内容完整记录下来相当困难，尤其是采用无结构访谈方式，在没有现场录音的情况下，用纸笔记录较难进行，追记和补记往往会遗漏很多信息。

访谈提纲示例一

（调查地附近）环卫人员访谈提纲

访谈地点：　　　　　　　　　　　　　　　　　访谈时间：

访谈目的：从环卫工人角度了解摊贩的邻避效应及各行为主体之间如何博弈。

1．您从事环卫工作多久了？（　　　）在您负责的街道是否有流动摊贩摆摊？（□是□否）

2．若有流动摊贩，那条街道上的流动摊贩有多少？（　　　）主要都是卖什么的？一般都是什么时候卖？

3. 您觉得流动摊贩是否对您的工作造成了影响？（□是□否）这些影响都表现在哪些方面？

_____

4. 那您平常在工作的时候如何处理这些矛盾？您觉得是否有足够精力处理？

_____

5. 您平常去摊贩那里买东西吗？（□去□不去）你对摆摊的人印象怎么样？

_____

6. 您觉得流动摊贩对社区有没有好处？（□有□没有）好处在哪些方面？坏处又在哪些方面？

_____

7. 您觉得城市管理部门应该如何管理这些摊贩？

_____

非常感谢您的回答，祝您工作顺利！

访谈提纲示例二

管理人员（□城管　　□受雇管理人员）访谈提纲

访谈地点：　　　　　　　　　　　　　　　访谈时间：

访谈目的：从管理人员角度了解摊贩的邻避效应与管理难处，及各行为主体之间如何博弈。

1. 在您所管辖的地段有流动摊贩吗？（□有□没有）

2. 您所管辖的地段里有多少流动摊贩？一般都在卖什么？一般都在什么时候出摊？

_____

3. 这些流动摊贩一般对您的工作产生了哪些负面影响？

_____

4. 您平常去摊贩那里买东西吗？（□去□不去）你对摆摊的人印象怎么样？

_____

5. 您平常都采取哪些手段管理这些摊贩？

_____

6. 在这些手段里哪些效果明显？哪些不太明显？您认为最关键的要点是什么？

_____

7. 那您觉得为什么您的管辖地段（或管辖地段附近）会出现如此多的流动摊贩？原因是什么？

_____

8. 那您认为有什么更好的方法来安置流动摊贩？

_____

9. 您的辖区内流动摊贩有没有产生过治安问题？一般都是什么治安问题？

_____

非常感谢您的回答，祝您工作顺利！

3.3.2 实地调查法

3.3.2.1 实地调查法的特点与主要类型

实地调查是一种深入社会现象的生活背景，以参与观察和非结构式访谈的方式收集资料，并通过对这些资料的定性分析来理解和解释社会现象的一种调查研究方式。实地调查法是处于方法论和具体的方法技术之间的一种基本研究方式，它规定了资料的类型既包括收集资料的途径和方法，又包括分析资料的手段和技术。实地调查法收集的常是定性资料，收集资料的方法主要是参与观察、无结构式访问，分析资料通常使用定性分析的方法。

实地调查法所收集的资料常常不是数字而是描述性的材料，而且研究者对现场的体验和感性认识也是实地研究的特色。与人们在社会生活中的无意观察和体验相比，实地调查是有目的、有意识和更系统、更全面的观察和分析。实地调查法现在已经被研究者用来研究本民族文化和现代社会。早期的实地调查研究大多被西方学者用于研究城市下阶级居住区的生活，或用于研究城中的流浪汉、贫民、黑人等底层群体。现在研究者采用这种调查研究方法来研究社会中的各种人、群体、组织或社区。实地调查法是一种定性的研究方式，也是一种理论建构型的调查研究方法。其基本特征在于强调"实地"，要求研究者深入社会生活，通过观察、询问、感受和领略，去理解社会现象。

1. 实地调查法的特点

实地调查法自身具有诸多不同于其他调查方法的特点，主要体现在以下几个方面：

（1）研究过程持续时间长。实地调查者不可能在短期内对大量的现象进行细致深入的考察，而且实地调查通常以研究个案见长，需要经历较长的时间。

（2）研究者与研究对象之间有更充分的认识和情感交流。实地调查者需要结合当时、当地的情况并设身处地解释和判断观察到的现象，这透着研究者本人对现象本质和行为意义的理解。

（3）采用多种方法收集资料。实地调查法综合了多种资料收集方法。这些方法包括观察法、访谈法、文献收集法、心理测验法（如投射法）等，常采用录像机和照相机等工具，其中以参与观察和访谈为最主要的资料收集方法。

（4）实地调查法强调研究者去收集和分析资料。研究者在实地进行定性研究时，需要广泛地运用自己的经验、想象、智慧和情感。

（5）采用定性分析的方法整理收集到的资料。实地调查法更多的是对研究对象和现场气氛的感悟和理解，没有实证性的数据。研究者根据一定的逻辑规则对资料实施分析。实地调查法强调互为主体性或主观互动的关系。研究者不是一个纯局外的主体，而是要设法成为要研究的人群中的一员，融入其中，尽量地去共享他们的知识，直到与他们达成共识。

实地调查法假设特定人群共享一种知识，对事物有一种认识，研究者的目的就是要加入这个人群，并分享他们的知识。研究者要关注这些人群是怎么认识的，而不去解答这种知识的真实性。因此，研究者进入现场时，通常不带有理论假设，更不是去证实或证伪某种理论假设，而是从经验材料中归纳出理论观点，即从实地调查法获得结论的。

2. 实地调查法的主要类型

实地调查法可以说是参与观察与个案研究的合称，从研究背景和对象范围来看，个案研究是其特征，从研究方式和资料收集方法来看，参与观察是其突出的特点。个案研究与社区研究是其典型的类别。

个案研究是对一个人、一个事件、一个社会集团，或一个社区所进行的深入全面的研究。在国外的社会学研究中，个案研究的应用相当广泛，常见的有家庭个案、老年个案、儿童个案、企业个案等。在我国，个案研究的应用也比较多。中华人民共和国成立以前大多数社会学家经常采用这一方法。他们从工人、农民、贫民、乞丐、少数民族等中选取一个或几个调查对象作为个案，全面、深入地了解具体调查对象的社会活动、生活方式、行为模式、价值观念等。

当研究的个案是一个社区时，通常又称为社区研究。社区是人们在社会中赖以生存的一种重要形式，同时社区也是构建整个社会的重要单位。它与人们的社会生活以及整个社会的发展都有着密不可分的关系。因而，社区研究也越来越成为一个研究的热点。研究者通常采用参与观察、访谈，以及收集当地现有文献等方法来收集资料，而且研究者通常要在该社区中生活一段时间，参与当地人的社会生活。如城市高架桥或垃圾站建设的相邻问题，研究者要长期关注这些利益相关区域的居民行为动态，如挂横幅抗议、上访等同时，也可以专门约个别当事人或相关政府管理人员进行访谈，了解事情的来龙去脉，对观察到的现象进行解释（图 3-23）。

图 3-23　实地调查者融入被调查者的现实生活

根据调查资料收集的具体方法，实地调查可以分为观察法和无结构式访谈法。观察法和无结构式访谈法是常见的定性研究收集资料的方法。

所谓观察法，是指研究者在实地研究中，有目的地以感觉器官或科学仪器去记录人们的态度或行为。与日常生活中人们的观察不同，系统的观察必须符合以下的要求：①明确的研究目的；②预先有一定的理论准备和比较系统的观察计划；③用经过一定专业训练的观察者自己的感官及辅助工具去直接地、有针对性地了解正在发生、发展和变化的现象；④有系统的观察记录；⑤观察者对所观察到的事实有实质性、规律性的解释。如调查广场上的活动人数和内容，首先，需要通过理论研究，对活动的类型进行分类，如分成自发性活动和社会性活动；其次，要根据广场的使用规律，来选择观察的时间段，如早上和晚上是城市广场使用人数相对较多的时段；最后，要结合其他调查方式，如访谈或问卷等，对观察到的现象进行规律性的总结和解释（图 3-24、图 3-25）。

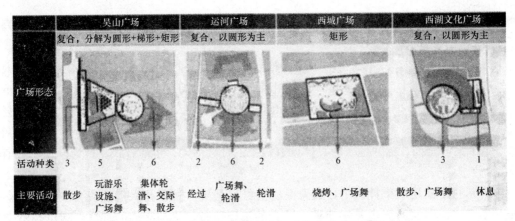

图3-24　对于活动广场居民分布区域的全天观察记录（1）

观察法还可以具体分为完全参与观察、半参与观察和非参与观察；结构式观察与无结构式观察；直接观察与间接观察。

无结构式访谈法又称非标准化访问法，它是一种半控制或无控制的访问。与结构式访谈法相比，它事先不预定问卷、表格和提出问题的标准形式，只给调查者一个题目，由调查者与被调查者就这个题目自由交谈，调查对象可以随时地谈出自己的意见和感受，而无须顾及调查者的需要，调查者事先虽有一个粗略的问题大纲或几个要点，但所提问题是在访问过程中边谈边形成并随时提出的。其类型有重点访谈、深度访谈、客观陈述式访谈等。同结构式访谈法相比，非结构式访谈的最主要特点是弹性和自由度大，能充分发挥访谈双方的主动性、积极性、灵活性和创造性。但访谈调查的结果不宜用于定量分析。

一般来讲，对于研究问题的前几次访谈，因为对相关问题不是很熟悉，可以先进行非结构式的访谈，尽量全面地了解信息，而在明确了研究问题和分析思路以后，则要根据研究目标来设计相应的结构性访谈提纲，在访谈中要有意识地引导被访谈者更多地叙述和研究目标相对应的，以及能直接用于分析的相关内容。

图3-25　对于活动广场居民分布区域的全天观察记录（2）

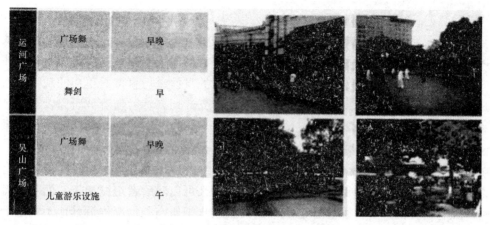

图 3-25　对于活动广场居民分布区域的全天观察记录（2）（续）

资料来源：黄塞军，等. 城市里的客厅——杭州广场活力社会调查［R］. 杭州：浙江工业大学，2012.

3.3.2.2　实地调查法的操作过程

实地调查法的操作过程分为以下六个步骤：

（1）准备阶段。实地调查法的准备阶段又分成不同的任务。

①选择研究课题和确定研究方法。研究者要选择一个适合进行实地调查研究的课题，进而采用实地调查的方法进行研究。在实际研究中，为了得到更全面的信息，有时是多种研究方法并用，既做大规模问卷调查或文献研究，又在少数个案上深度访谈。

②选择实地调查的地点。实地选择要符合两个原则：一是相关性，二是方便性。所谓相关性，是指尽量选择与研究课题密切相关的现场；所谓方便性，是指在符合相关性的前提下，现场要易于进入和观察。但在实际操作过程中，实地选择往往与研究的社会资源息息相关。

③资料与知识准备。准备阶段的首要工作之一是阅读文献，查阅所有与研究课题相关的资料，增加对研究对象的了解，以便确定所研究问题的基本框架。

④做一些与课题相关的专门性准备。如研究者可以考虑事先到现场进行一个初步的调查，看从事此类研究是否可行。或者，研究者可以先在现场做一个不太敏感的研究项目，借此了解现场中的人对外来研究者的基本态度，然后决定自己是否应该从事先前已经计划好的项目。研究者可以在研究工作开始之前请单位写一封介绍信，或者请被研究单位写一封批文。

（2）进入现场。进入现场有很多方法，调查研究者要根据具体的情况选择适当的进入现场的方法。

①隐藏进入式。这种方式使研究者避免了协商进入研究现场的困难，而且有较多的个人自由，可以随时进出现场。但由于研究者成了一个"完全参与者"，他只能在自己的角色范围内与人交往。进入现场时，需要得到"局内人"的认可，通常采取以某种程序或仪式进入、"局内人"推荐、"关键人物"帮助等方式。如对于商场或某一城市设施的调查可以作为该设施的使用者之一，作为一般的购物者身份进入商场，在使用设施和体验调研

环境的同时，记录需要的关键信息。

②逐步暴露式。有的课题适用正式的接触以表明研究者的身份。进入现场的方式就需要通过正式的组织途径，或与其领导，或通过研究对象所生活的社区"熟人"这样非正式的渠道进行接洽，征得研究对象的同意，以研究者的身份进行直接而正式的观察和访谈。研究开始时，研究者可以简单地向被研究者介绍研究计划，然后随着被研究者对自己信任程度的提高而逐步展开。如对于居住区居民的调研，可以开正式的介绍信或单位联系函，与社区的管理者或物业进行联系，然后进入居住区，进行实地观察和调研。

在有些情况下，隐藏进入式和逐步暴露式可以结合使用，如知道被研究群体中有一部分人肯定会拒绝参与研究，而其他人没有异议，那么可以对后者坦诚相告，而对前者则暂时保密。随着研究的进行，那些知道底细的人会逐步把研究的情况告诉其他不知道的人，如果他们之间相互信任，而研究者与所有的人都已建立了良好的关系，那些事先没有被告知真相的人到这个时候多半会接受事实。

（3）抽样。在进入现场后，为了使选择的研究对象具有代表性，有时还需要进行抽样。因为事实上研究者不可能观察到一切现象，访问到所有对象，只能从现场所有的研究对象中抽出一个样本进行观察或访谈。麦考和塞蒙提出了三种适用于实地研究的抽样方法：定额抽样、滚雪球抽样和特异个案。

①如果被研究的组织和过程的成员已有明确的合理分类，可以运用定额抽样的方法：选择不同类型的成员。如研究一个"城中村"，可以分别访问村干部和一般村民、激进派成员和稳健派成员；或分别访问男人和女人、年轻人和老年人等。

②滚雪球抽样。假如研究者想了解一个企业的经营状况，可以向企业的一般员工先询问企业负责人的情况，然后去追寻企业负责人及其相关的重要调研对象，于是样本就像雪球一样越滚越大。

③特异个案的重要性也不容忽视。对于脱离正常模式的个案研究，可以加深对人的态度及行为的正常模式的理解，如想了解某城市设施建设对周边居住区的影响，以重点选择反对该项设施建设的居民进行调研。

（4）收集资料。实地调查收集资料的方法有观察法、访谈法、收集文件法、投射技术以及工艺学记录。在实地调查收集资料时，要遵循一定的指导原则。

实地笔记应该是描述性的，从不同的维度收集各种不同的信息，不同途径（观察、访谈、文件记录、工艺学记录）收集到的资料可以交叉验证，采用摘录，从参与者自己的语言描述中，捕捉参与者对其经验的看法。选择主要的信息提供员，并从他们所提供的观点中提炼出精华和智慧，但是同时应当牢记他们的观点取向是有限的。注意实地工作的各个不同阶段。在进入阶段与参与者建立信任和密切的关系。在实地工作成为例行常规的中间阶段时，保持清醒、训练有素。当实地工作接近尾声时，重点放在总结出有用的综合描述上，在实地工作的各个阶段中都要认真仔细地做好实地笔记；尽可能完全参与研究的全方案，对过程有一个完整的体验。实地笔记和评价报告中要有研究者自己的体验、想法。

另外，在实地调查收集资料过程中，做好记录是一个关键和核心环节。实地研究的常用工具是笔记本和笔。笔记不但要记录观察到的，还要捕捉当时当地特殊氛围中产生的灵感，将"想到的"也记录下来。如在课堂观察中，研究者多次记录教师言语不当引发学生的各种抱怨，会产生教师整体素质对学生学习有很大影响的想法，应当把这个想法记录下来。记录要完整实用，记录时要高度集中注意力，还要养成当场记录的习惯。在记录时要分段记录，先记下关键的词语和短语，再做详细的整理，要努力把观察到的所有细节都记录下来。

对于城乡空间社会调查研究，除对访谈、所见所闻等文字信息的记录外，还应关注空间层面的信息调查，可以事先下载、打印好调研区域的地形图或遥感图，在调查的同时，对一些关键信息在图上进行标注，如各类设施的空间分布、人群的活动位置等。

（5）分析资料。首先，进行资料的调查。原始资料在记录过程中，可能出现虚假、遗漏、自相矛盾等问题。资料审查是为了消除原始资料的这些问题，保证资料的可信度和有效度。

在实地调查研究过程中，资料的收集和审查必须同时持续地进行，直到研究方案将近完成。因此，收集资料不是机械地记录资料，而是同时分析和解释资料，看看这些资料是否互相矛盾，是否需要进一步收集更多的资料。当资料中的主题已很明了，研究者才能结束资料的收集工作，专注于资料的综合分析和解释。反之，若一直等到收集资料结束后研究者才开始做资料的审查，在研究途中可能迷失于未经分析组织的大量资料中，而很难知道自己何时已经收集有某一主题的资料。

其次，研究活动完毕之后，研究者要以快速记录的大纲为线索，整理出完整详细的笔记。之后，根据实地的时间，将这些记录编目，形成档案。档案的种类很多，研究者根据研究性质及数据分析的需要建立档案。第一类是背景档案，主要包括历史资料、历史档案、历史文献等。第二类是人物档案，即建立研究对象档案，可以按照对象进行分类，重点对象和一般对象分开储存。第三类是文献档案，包括研究过程中适用的一切资料，大量相关的论文和统计数据等。第四类是分析档案，可以按照不同的选题对所收集到的资料归类整理。

最后，进行资料的分析。检验某个城市发展理论，或是建立某种社会现象的理论解释，这往往是一个不断深入的过程，最初的资料只能得出暂时的结论，这个理论雏形又可以进一步指导研究。

（6）撰写报告。在分析资料的基础上，经过一定的抽象概括，得出结论。撰写实地研究报告时，应该特别注意详尽介绍研究的方法、策略和整个研究过程，让读者能够根据研究者所使用的方法以及实际的调查资料收集过程，来判断其研究结论的可信度和推广度。对于城乡空间社会调查，特别要详细说明调研的地域范围、调研对象的界定、调研时间段、调研次数和频率等。

3.3.2.3　实地调查法的具体方法

1. 观察法

观察法指的是带着明确的目的，用自己的感官和辅助工具去直接地、有针对性地了解正在发生、发展和变化着的现象。按照观察中研究者所处的位置或扮演的角色，观察法可以分为局外观察和参与观察；根据观察方式的结构程度，观察法可以分为结构式观察和非结构式观察；根据观察对象的不同，观察法可以分为直接观察和间接观察。

（1）局外观察和参与观察。所谓局外观察也称为非参与观察，即观测者处于被观察的群体或现象之外，完全不参与其活动，尽可能不对群体或环境产生影响。如观察居民的交通行为、活动类型等，并不需要观察者参与其中。采用非参与观察，一般有两种方法。其一为近距冷淡法，即观察者在距离被观察者很近的地方观察，但对被观察者及其行动不做任何干涉，只听、只看，如在广场或商场观察人们的言行。其二为远距仪器法，即借助望远镜、摄像机等设备在距离较远的地方进行观察，如观察某区域的人流量和分布密度。参与观察也称为自然观察，是指在自然状态下研究者参与某一情境，对研究对象进行观察，参与观察源于人类学家的现场研究。对现场研究而言，参与观察是长年累月住在当地社区，将自己融入社区人们的生活，并维持一个专业者的距离。通过这种方式，研究者观察人们的日常生活和活动，了解人们的基本信念和期望，并系统地完成资料记录。

（2）结构式观察和非结构式观察。结构式观察是事先对要观察的内容进行分类并加以标准化，规定要观察的内容和记录方法，它一般只适用于小群体研究和行为科学研究。非结构式观察是事先不规定要观察的内容，不要求专注于某些特定的行为与现象，而是对该场景下的所有行为和现象都进行观察。一般的参与观察都是非结构式的。结构式观察与非结构式观察的区别主要有两点：第一点，结构式观察所获得的资料大多可以进行定量处理和分析，而非结构式观察所获得的资料则多是从定性角度描述所观察的对象；第二点，非结构式观察没有明确的研究假设和观察内容，观察内容和观察角度也多在观察过程中随着环境和条件变化而做一定的调整，有时这种调整是相当大的。

（3）直接观察和间接观察。直接观察是对那些正在发生的社会行为和社会现象进行观察。间接观察是对人们行动以后、事件发生以后遗留下的痕迹进行观察。间接观察包括痕迹观察和行为标志观察两种类型。痕迹观察是对人们活动以后所留下的迹象进行观察。它有两种形式：一是磨损测量，观察人们在活动时有选择地使用某物造成的磨损程度，由此反映一定时期内人们的兴趣、爱好或社会时尚。二是累积测量，观察人们遗留下的物质，在学生宿舍、教室里随便涂写的内容就是一种可度量的"累积物"。行为标志观察是通过一些表面的或无意识的现象推测人们的行为方式和价值观。如在城乡空间社会调查中，根据绿化景观、房屋外观和装修情况，也可估计出一个社区的社会地位状况。

2．实地调查中其他收集资料的方法

实地调查法强调充分地描述现场和人群的现象，因此需运用多重资料。如参照人类学研究的"多重工具取向"，搜集资料的方法除了参与观察、访谈之外，还包括搜集文件投射技术、其他心理研究工具和现场工作的技术设备。研究者可参照个人的研究取向，选择使用各种不同的搜集资料方式，宜增进研究结果的可信度。

3.3.2.4　实地调查法的优缺点

1．实地调查法的优点

实地调查是最古老、最常用的调查方法。它有以下显著的优点：

（1）观察者直接感知客观对象，获得的是直接的、具体的、生动的感性认识，能够掌握大量第一手资料，即所谓"百闻不如一见"。

（2）观察者亲自到现场，直接观察和感受处于自然状态的事物，容易发现或认识各种人为假象，实地观察的调查结果比较真实可靠。

（3）适用于对那些不能够、不需要或者不愿意进行语言交流的社会现象进行调查，如对集群行为的调查研究。

（4）实地调查方法简单易行，适应性强，灵活度大，可以随时随地进行，观察人员可多可少，观察时间可长可短，一般不需要设计非常复杂的各种表格和专业工具，只要到达现场就能获得定量的感性认识和收获。

2．实地调查法的缺点

实地调查法不可避免地也存在一些缺点：

（1）以定性研究为宜，较难进行定量研究。

（2）观察结果具有一定的表面性和偶然性。

（3）受到时间、空间等客观条件的限制和约束，只能进行微观调查，不能进行宏观调查，只能对当时、当地情况进行观察，不能对历史或外域的社会现象进行观察，对于突发事件无法预料和准备，不能对保密和隐私问题开展观察等。

（4）调查结果受到观察者主观因素影响较大，调查资料往往较多地反映出观察者的个人情感色彩。

（5）难以获得观察对象主观意识行为的资料等。

3.4　网络收集法和新数据收集法

3.4.1　网络收集法

3.4.1.1　网络收集法概述及其主要类型

网络调查就是指在网络环境下，以互联网为依托，基于传统的统计调查理论而进行的社会调查方式。网络调查是传统调查在新的信息传播媒体上的应用，它是在互联网针对特定的问题进行调查设计、收集资料和分析等。与传统调查方法类似，网络调查也有对原始资料的调查和对二手资料的调查两种方式。

常见的网络调查方式包括电子邮件（E-mail）调查法、网页调查法、基于电子邮件的Web调查法、网上讨论法、网上测验法、网上观察法等。其中，电子邮件调查法、网页调查法和网上讨论法是目前最常用的几种网络调查方法。

1．电子邮件调查法

电子邮件调查法利用电子邮件对被调查者进行调查，调查问卷作为电子邮件的附件或直接作为邮件的内容传送给被调查者，被调查者完成问卷后同样以电子邮件的形式把问卷返还给调查者。用 E-mail 发送问卷比传统的邮寄问卷方式在操作上更简单易行，这些问卷自动生成并可同时向多个接收者发送，无须耗用大量的人力进行问卷的发送与回收。在经济上，E-mail 方式能节约大量资金，具有很好的规模效益，问卷发送距离越远，数量越大，越能体现其省时省钱的优点。另外，调查对象的范围相对广泛，样本容量大，从而在一定程度上减少了由于地区差异所造成的系统性误差，使调查的结果分析更具有真实性。一般此方法较适合于普查或抽样调查。

对于普通的网络用户而言，使用最多和最普遍的就是电子邮件。电子邮件形式的调查问卷上要有两种类型：文字问卷和附件问卷。在邮件本体内直接加入文字类型的调查问卷，称为文字问卷；以附件形式存在的调查问卷称为附件问卷。

2．网页调查法

网页调查法是通过网站设置调查网页给网民主动浏览作答的调查方法。调查者在网站上开辟专门的调查空间来放置问卷，被调查者不断主动告知网站的地址，回复者直接在线完成问卷，如中国互联网络信息中心（CNNIC）就曾采取这种调查方法。调查网站可以对众多的访问者设置“过滤网”，在问卷填写前设置一些问题来确认其是否符合调查对象的要求，对不符合的，程序将自动判断并拒绝其填写问卷，这样可以防止大量无效问卷的产生。

3．基于电子邮件的 Web 调查法

基于电子邮件的 Web 调查法综合了上述两种调查方法。首先发送电子邮件邀请被调查者回复调查，在邀请函中可以利用超链接的形式把问卷调查所放置的网络地址链接起来。对调查内容感兴趣的被调查者可以直接通过超链接到网站进行问卷的填写。由于这种方法有效克服了前两种调查方式的缺点，基于电子邮件的 Web 调查，因其方便性、网络安全性以及对被调查对象的有效控制，成为普遍应用的网络调查方式（图 3–26）。

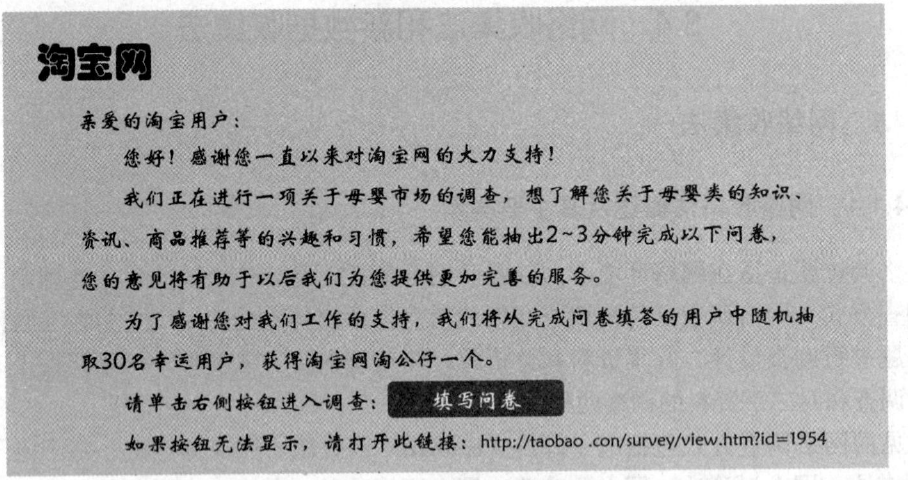
淘宝网

亲爱的淘宝用户：

您好！感谢您一直以来对淘宝网的大力支持！

我们正在进行一项关于母婴市场的调查，想了解您关于母婴类的知识、资讯、商品推荐等的兴趣和习惯，希望您能抽出2~3分钟完成以下问卷，您的意见将有助于以后我们为您提供更加完善的服务。

为了感谢您对我们工作的支持，我们将从完成问卷填答的用户中随机抽取30名幸运用户，获得淘宝网淘公仔一个。

请单击右侧按钮进入调查：填写问卷

如果按钮无法显示，请打开此链接：http://taobao .con/survey/view.htm?id=1954

图 3–26　基于电子邮件的 Web 调查法

4．网上讨论法

网上讨论可通过 BBS（电子公告牌）、Newsgroup（新闻组）、QQ、IRC、WeChat、Net–meeting（网络会议）等途径实施。网上讨论法是集体访谈法在互联网上的应用。在网上讨论过程中，主持人可发布调查项目，请受访者回答或参与讨论，发表各自的观点和意见；可通过互联网视频会议，在主持人引导下，将不同地域的受访者虚拟组织起来进行讨论；可通过主持人的总结和分析，发布网上讨论的结果；可通过网上讨论，收集各种社会信息和数据（图 3–27）。这一调查方式较适合于重点调查或典型调查。

图 3-27　主题论坛上有大量的互动讨论信息

5. 网上测验法

网上测验法是指主持人在互联网上利用 E-mail 或网站等途径，向不同受测者发出含有测验内容的问卷或信件，请受测者做出回答后反馈给主持人，主持人根据反馈信息进行统计分析，并推出结论的测验方法。其测验的内容非常广泛，可以是产品试销，可以是网络购物，可以是客观社会问题，也可以是主观素质、态度等。

6. 网上观察法

网上观察就是观察者进入聊天室或论坛，观察正在聊天的情况，并按实现设计的观察项目和要求做记录，然后定量分析和对比研究。网上观察可分为直接观察和间接观察。直接观察又可分为网上参与观察和网上非参与观察。网上参与观察是指观察者作为被观察者的一员参与聊天活动，在聊天过程中实施观察；网上非参与观察是指观察者不参与被观察者的聊天活动，只作为旁观者进行观察和记录。间接观察是利用网络技术对网站访问情况和网民的网上行为进行自动测量和观察（图 3-28）。

图 3-28　网上论坛作为观察不同人群对同一问题态度的公共平台

3.4.1.2 网络收集法的过程与方法

1. 网络收集法的样本

网络收集法的样本可以分为三类：随意样本、过滤性样本和选择样本。

（1）随意样本可由网上的任何人填写问卷，完全是由网民自我决定的。

（2）过滤性样本是指通过对期望样本特征的配额，限制一些自我挑选的未具代表性的样本。过滤性样本通常是以分支或跳答形式安排问卷，以确定被选者是否适宜回答全部问题。最初问卷的信息用来将被访者进行归类分析，被访者按照专门的要求进行分类，而只有那些符合统计要求的受访者，才能填写适合该类特殊群体的问卷。

（3）选择样本用于对样本进行更多限制的目标群体。受访者均通过电话、邮寄、E-mail或个人方式进行补充完善，当认定符合标准后，才向他们发送E-mail问卷或直接与问卷链接的站点。在站点中，通常使用密码账号来确认已经被认定的样本，因为样本组是已知的，因此可以对问卷的完成情况进行监督或督促未完成问卷以提高回答率。

2. 网络收集法的步骤

一项完整的计算机网络收集大致要经过制定调查计划、设计问卷、设计数据库、设计网络调查问卷、测试和试调查、问卷的网络发布和开始调查、数据收集和数据分析、提交调查报告八个步骤（图3-29）。

图 3-29　网络收集法的一般步骤

（1）制订调查计划。制订调查计划主要包括确定调查目标、调查内容、调查方法、调查载体、调查对象、调查时间等。此外，对于调查人员（包括整理资料、统计分析人员）、调查经费（尽管网络调查成本低，但仍需必要的投入）等，也应做出适当安排。

（2）设计问卷。设计问卷主要是指形成在计算机网络中进行调查的问题系列的过程。设计问卷过程中主要考虑的问题有调查群体的性质（包括文化程度、计算机使用的熟悉程度等）；调查问题的形式（选择、判断、填空等）；调查问题的数量，一般以不超过1小时的问题量为宜。通过计算机网络进行的调查问卷的设计和普通的问卷设计的区别在于：通过计算机网络进行的调查问卷问题的提问方式要尽量简单易懂，对专业的名词可以给出简单的示例来帮助被调查者完全理解问题的含义，同时尽量多使用选择、判断类的问题。

（3）设计数据库。设计数据库是指将设计问卷中形成的问题系列，按照数据库的设计要求存储在计算机数据库系统的过程。广义的计算机数据库系统指的是使用计算机存储、管理用户数据的软硬件系统，狭义的计算机数据库系统是指数据库管理软件。

（4）设计网络调查问卷。设计网络调查问卷是指为了将数据库中存储的问卷以网页形式表现出来而进行的计算机程序的设计、编码、测试的过程，包括客户端界面程序设计和后台处理程序设计两个部分。

（5）测试和试调查。测试是指对网络调查问卷的客户端界面程序和后台处理程序的测试、修改和完善过程，包括功能、实用性和易用性的测试和修改。试调查主要是指对经过测试后的客户端界面程序和后台处理程序在较大范围内的测试和完善，一般包括多用户并发测试、安全测试、数据管理测试、使用方便性测试等。

（6）问卷的网络发布和开始调查。经过前面五个步骤，已经形成可以在计算机网络中用来调查的一套程序系统。问卷的网络发布就是将这套程序系统放置到网络服务器上并通知调查对象参加调查，一般包括程序安装、测试以及通知调查对象参加调查三个步骤，有时还包括对调查对象的培训。根据调查性质和要求，可以采用的通知手段一般有行政通知、网络广告等。经过通知后在指定时间就可以开始正式的计算机网络调查。

（7）数据收集和数据分析。调查结束后，所有经过编码的调查数据都已经存储在数据库服务器上，这时要做的就是根据研究工作的需要生成统计和细节信息了。一般的数据库系统可以简便地实现基本的统计分析任务，但对专业的数据统计分析，数据库系统是无法实现或实现起来比较麻烦的，这时就需要使用数据库系统提供的数据导出功能将需要的数据导出，然后使用专业的统计分析软件分析。

（8）提交调查报告。调查报告的撰写是调查活动的最后一个步骤。每次网络调查都应根据本次调查的目标和任务，实事求是地把调查结果报告出来，反馈给网络调查的参与者、全体网民和整个社会。如果限定仅反馈给网络调查的参与者，只需给网络调查的参与者一个密码就行了。一些简单的网络调查，最好能采用互动形式公布调查结果，其社会效果会更好。

3．网络收集法常用手段

（1）通过电子邮件发送调查表。这是最常见的调查方式。调查者无须有自己的网站，只要有被调查者的电子邮件地址就可以了。

（2）利用自己的网站。网站本身就是宣传媒体，调查者完全可以利用自己的网站开展网上调研。

（3）借用别人的网站。如果自己的网站还没有建设好，或访问量不大，可以利用别人的网站进行调研。这与传统在报纸上登调查表相似。

（4）适当使用激励手段。由于网络调查需要占用用户的时间和费用，因此，作为补偿或者激励参与者的积极性，问卷调查者一般都会提供一定的奖励措施，提供奖励可以提高回收率。奖励可以是物质的，也可以是非物质的，而且确实能够提高用户的参与程度和完成问卷的积极性。

3.4.1.3　网络收集法的优缺点

1．网络收集法的优点

①组织简单，执行便利，辐射范围广。②网上访问速度快，信息反馈及时。③匿名性很好，所以对于一些不愿在公开场合讨论的敏感性问题，在网上可以畅所欲言。④费用低，简单易行，不受时间和空间的限制，不需要任何复杂的设备。

另外，由于不需要和用户进行面对面的交流，也避免了当面访谈可能造成的调查者倾向误导，或者被调查者顾及对方面子而不好意思选择不利于企业的问题。

2．网络收集法的缺点

①只能进行定量调查，定性调查无法进行。②网络的安全性不容忽视，真实性受质疑。调查结果的可靠性受受试影响大，不合作的态度会降低研究效度。③网民的代表性存在不准确性，无法深入调查。④受访对象难以限制，针对性不强。⑤在线调查表的设计难度大。调查表设计水平的高低直接关系到调查结果的质量。由于在线调查占用被访问者的上网时间，因此在设计上应该简洁明了，尽可能少占用填写表单的时间和上网费用，避免被访问者产生抵触情绪而拒绝填写或者敷衍了事。⑥样本的数量难以保证。样本数量难以保证也许是在线调查最大的局限之一。如果没有足够的样本数量，调查结果就不能反映总体的实际状况，也就没有实际价值，足够的访问量是一个网站进行在线调查的必要条件之一。⑦个人信息难以保护。为了尽量在人们不反感的情况下获取足够的信息，在线调查应尽可能避免调查最敏感的资料，如住址、家庭电话、身份证号码等。

3.4.2　新数据收集法

新数据主要是指"城市空间新数据"，也可用于城乡空间。近几年，随着信息通信技术的迅猛发展，大数据已成为重要的发展方向和研究领域，在多个学科都发挥着积极作用。相比其他传统行业，大数据带给城乡规划和城市研究的影响更为显著，其不仅对城乡规划编制、评价和管理的方式产生影响，而且通过对人的活动、移动和交流方式的改变，改变了城乡规划的对象——城市。大数据的应用与智慧城市理念促进了城乡规划的科学化与城镇治理的高效化，使得各部门在数据及时获取与有效整合的基础上能够及时发现回题，实时进行科学决策与响应；同时为公众参与提供了基础与平台，为以人为本、面向存量、自下而上的新型城乡规划构建提供了基础。

大数据的概念有广义与狭义之分。大多属于"开放数据"（广义的"大数据"），如来自商业网站或政府网站的数据，而具体广义维度的大数据（如手机信令、公共交通刷卡记录和信用卡消费等记录），大多不是开放数据，其获取难度大、成本高，因而目前存在"大数据不开放，开放数据不大"的现象。这制约了规划实践及城市研究中对数据的获取与运用，与当前"开源与众包"的新时代精神理念有所背离。这是规划行业拥抱数据，谋求发展所面临的挑战之一。

狭义的大数据与开放数据共同形成了有别于传统调研和统计数据的新数据环境，而这也是10年前并未广泛使用的数据。与传统数据相比，新数据环境主要呈现出精度高（以单个的人或设施为基本单元）、覆盖广（不受行政区域限制）、更新快（每月、每日，甚至每分钟更新）等特点。它不仅意味着更大的数据量，而且反映了数据背后关于人群行为、移动、交流等维度的丰富信息。新数据环境日益成为国内城乡规划学界、业界和决策界的共同关注热点，让学者、规划师和决策者观测到社会个体及详细空间单元上的丰富信息，为城市研究、规划设计、工程实践和商业咨询等带来了新的契机。

3.4.2.1　新数据收集法概述与主要类型

空间新数据产生于新数据环境。与传统数据相比，新数据主要呈现出数据体量大、类别多、更多元、覆盖广、更新快、精度高等特点。

1. 按照数据来源划分

按照数据来源划分，数据可分为政府数据、开放组织数据、企业数据、社交网站数据及智慧设施数据。

（1）政府数据。政府数据主要是国家、部门和地方统计机构所公布的数据。政府数据长期都是城乡规划工作最重要的信息来源，随着近年来政府的开放程度逐步提升，各类统计数据以开放平台的方式出现，由政府部门牵头组织建立的各类信息公开平台已初具规模。目前已建成了国家数据、北京市政务数据资源网、上海政务数据公开网等，为城乡规划工作提供了更加便利的信息查询端口。

（2）开放组织数据。近年来，在世界范围内逐渐产生了一批提供数据集成与分享的专业组织，通过开放平台的形式为用户提供数据支持。比较典型的为开放地图数据，如百度地图开放平台、开放街道地图（OSM）、谷歌地球引擎等。此类组织提供的数据类型更为广泛，具有较强的时效性，可为城乡规划工作提供更多的参考依据，如位置照片（Flickr照片）。

随着拍摄设备的普及和社交网络的发展，在线的具有位置信息的图片资源日益丰富。Flickr，雅虎旗下图片分享网站，为一家提供免费及付费数位照片储存、分享方案之线上服务，也提供网络社群服务的平台。其重要特点就是基于社会网络的人际关系的拓展与内容的组织。这个网站的功能之强大，已超出了一般的图片服务，如联系人服务、组群服务。分享的照片体现了游客或居民的城市／区域意向。这类位置照片数据可用于分析旅游关注点、城市意向空间等内容（图 3-30）。

图 3-30　Flickr 照片

（3）企业数据。丰富的社会经济活动创造了庞大的数据，这些数据潜伏在各类企业平台之中。而目前的发展趋势为各类拥有海量数据的机构都在尝试以更加开放的姿态共享数据信息，以期达到共赢。在这进程中，大批互联网公司（如淘宝、谷歌、百度、腾讯、新浪等）相继在一定程度上开放了自己的数据平台。虽然此类数据往往需要经过系列后续分析才能为城乡规划所用，但是蕴含了更为广阔的挖掘潜力，如手机信令数据。

手机信令数据是手机用户与发射基站或者微站之间的通信数据，产生于手机的位置移动以及打电话、发短信、规律性位置请求等。这些数据字段带有时间和位置属性，还有话单数据，体现用户之间的电话和短信联系等信息。数据空间分辨率多为基站（城市内多为 200 m 左右，乡村地区则更大），时间分辨率可以精确到秒，运营商多提供汇总到小时层面的数据。在过去，这些历史大数据是企业的负担，能被消极地保存或是直接销毁。近年来，移动运营商将数据提供给研究人员、咨询机构乃至政府部门，让本为负担的数据发挥巨大作用。信令数据：2G、3G 信令统计数据内容为每个基站每小时出现的信令；用户数据：2G、3G 信令统计数据内容为每个基站每小时统计的用户；轨迹数据：2G、3G 信令统计数据内容为上午用户的移动 OD（基站之间移动的用户数量）（图 3-31）。

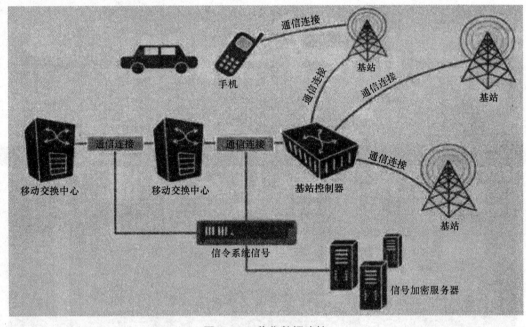

图 3-31　收集数据连接

目前，手机信令数据主要应用于城市、乡镇人口居住和就业时空分布分析、地区人群的动向分析、特定人群的分布及活动特征分析、建成环境评价规划实施评估、生活重心识别与评价、城市运行状态规划实施实时监测监控、交通出行 OD 分析、客流 OD 分析、客流路径分析、客流断面分析、地下轨道站点辐射范围分析、轨道换乘分析、高速公路的车速及拥堵分析等（图 3-32）。

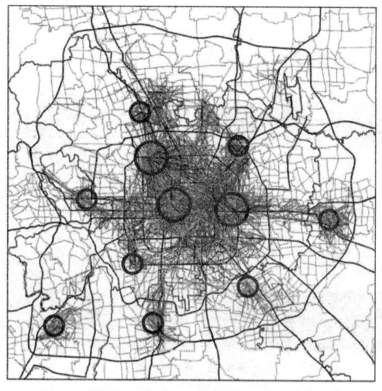

图 3-32　北京基站位置及人口情况分析

（4）社交网站数据。社交网站数据是指人们通过一系列社交活动自发性地共享、交流等所产生的数据（如微博、微信等社交平台产生的数据）。此类数据类型多样，形式丰富，但相对地在数据筛选、处理时的工作量较大。

（5）智慧设施数据。智慧设施数据是指由传感器、人机交互设施等产生的数据，如Wifi 探针、人脸摄像头、声光电传感器等产生的数据，是未来城乡规划与设计中具有较大挖掘潜力的数据。

2．按照数据环境划分

按照数据环境划分，数据可分为建成环境数据和行为活动数据。

（1）建成环境数据（如地块、街道和建筑等）。建成环境数据由宏观、中观及微观数据构成，是物质环境的客观数据，反映建成环境的相应属性，如区域、街区、街道（道路）和建筑尺度的开发、土地利用与功能业态、形态及建筑环境等维度的数据。

（2）行为活动数据（人类电子足迹）。行为活动数据主要是指人群活动产生的反映人行为活动规律及特征的数据。它通过社交平台、传感器、监测器等形式记录并收集，可用于测度不同空间尺度的交通轨迹、人群出行、行为活动及空间活力等情况，如人口热力图。

热力图以特殊高亮的形式显示了人群集中区域的空间分布。百度作为中国使用最为广泛的互联网平台之一，于 2011 年 1 月发布了百度热力图，基于智能手机使用者使用向百度产品（如搜索、地图、天气、音乐等）时所置信息，按照位置聚类，计算各个地区内聚集的人群密度和人流速度，综合计算出聚类地点的热度，计算结果用不同的颜色和亮度反映人流量的空间差异。百度热力图的数据目前只能通过百度地图 App 访问（没有桌面版本），粒度精细到个人，规模覆盖到全国（图 3-33）。

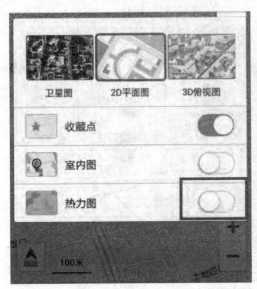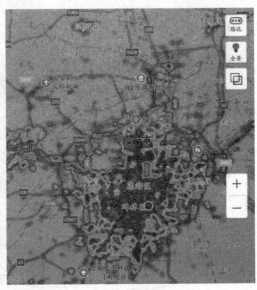

图 3-33 百度热力图

3.4.2.2 新数据收集法的优缺点

1. 新数据收集法的优点

（1）空间尺度的变革。空间尺度经历了从小范围高精度、大范围低精度到大范围高精度的变革。在传统数据环境下，受数据收集方法的限制，在研究覆盖范围和精细度上很难做到两者兼顾——大范围的研究通常以牺牲精细度为代价，而精细度高的研究覆盖范围较小。新数据环境为在较大空间范围内收集高精度数据提供了可能，如社交网络和各类商业网站数据往往覆盖全国，且以人、车、商户等个体为基本单位，可充分满足精细化的分析需求，而对某些传统数据的有效整合也有利于拓展数据的广度与精度。如以往人口密度研究主要在区县尺度，属于宏观分析的范畴，在新数据环境下则可将研究尺度缩小至乡镇街道级别。这不仅促进了研究范围的扩大和精度的提高，而且有助于呈现以往难以发现的新问题。

随着新数据环境的不断成熟，传统城市研究的"研究地盘"的概念也将会逐渐弱化。在传统数据环境下，中小城市和县、镇与大城市之间在数据基础和研究水平方面存在明显差距。"大模型"通过关注全国绝大多数城市，有望在一定程度上对中小城市发展给予更多研究关注、削弱技术差异，并系统探讨国家和区域城市化进程中各类城市的互动关系。此外，大范围、高精度的研究趋势有利于探索我国城市发展的一般规律。

（2）时间尺度的变革。时间尺度经历了从静态截面到动态连续的变革。新数据环境所提供的另一重要突破是体现了不同时间尺度上的城市动态。传统城市研究的数据多源于政府部门统计年鉴或抽样调查，数据以静态数据为主，只能反映某一时刻或一段时间内城市所处的状态（如年鉴对应一年、出行调查多对应日），且由于数据取样的局限性，只能覆盖有限的空间范围。而包括公交刷卡、出租车轨迹、信用卡交易记录、在线点评以及位置微博和照片等在内的新数据环境，则可以反映个人乃至整个城市短至每秒、长至多年的动态变化，且具有连续性高覆盖面广、信息全面等优势。如利用精确到秒的信用卡交易记录，可以对城市每小时的销售情况进行可视化，进而识别商圈；积累多年的信用卡交易记录，则可以体现出人们生活与消费方式的变化——如传统书店的萎缩和在线购物的繁荣。

（3）研究粒度的变革。研究粒度经历了从以地为本到以人为本的变革。新数据环境所提供的并非仅包括扩大的数据量，还包括数据所反映的城市居民的行为特征与规律，以及人对建成环境的感觉、情感、经验、体验、信仰、价值判断等，这些以前难以量化的因素在新数据环境中都可以得到有效的表达与数理分析。国外相关研究包括利用手机数据挖掘城市人群活动不同的基本模式、利用 Flicker 图片数据分析人对城市空间的认知图像，从而重新阐释凯文·林奇的城市意象理论等。在我国新型城镇化的背景下，具有高粒度特性的新数据环境也为以人为本的城市研究提供了极佳的素材。在此数据平台基础上，居民行为、活动及其影响下的城市空间组织和结构的变化，社会群体特征、网络、活动等及其影响下的社会空间分异或融合等课题都可得到深入分析。

（4）研究方法的变革。从单一团队到开源众包。众包是互联网带来的新的生产组织形式，即利用互联网将原先单一机构内的工作任务以自由自愿的形式分配给机构外的志愿人员（通常为个人）完成，这一组织方式可以充分利用志愿者的创意和技能，以更低的成本、更高的效率完成任务。虽然开源、众包等概念听起来与城市研究和城乡规划领域相距甚远，但近两年来随着数据的开放和开放研究平台的成熟，众包模式也在逐渐融入定量城市研究和相关数据平台构建中（如收集数据、学术合作、验证研究成果），并体现出优势。这种众包的城市研究方式有望突破传统的单一团队开展研究工作的模式。从总体上看，在新数据环境下，城市及城乡研究的工作方法正在由单一团队向开源众包模式转变。

2. 新数据收集法的缺点

（1）数据有偏性。新数据存在"有偏性"，仅反映了城市当中部分人群或者活动的情形。有偏性是对新数据最为常见的批评，如基于手机位置的研究很难覆盖儿童与老人；而基于社交媒体的研究更多反映年轻人的行为。针对数据的有偏性，一方面，可以利用有偏的数据来研究特定人群，如利用境外的微博位置数据来研究中华文化圈，以及利用公交刷卡数据来刻画低收入人群。另一方面，可以利用"大数据"与"小数据"的匹配来部分纠正新数据而带来的影响。当然，多数新数据没有传统数据全面，但这些新数据为认识城市系统打开了第一扇窗，仍旧具有相当大的价值。

（2）黑箱算法与专有平台。目前研究中所使用的新数据不少来自各种专有平台（如互联网公司与城市公共设施运行平台），而这些平台所采用的数据方法对于外部研究者而言如同"黑箱"。由于黑箱的存在，针对同一研究对象，采用来自不同平台的数据时往往会得到不同的结果。如国内不少互联网公司利用智能手机的定位功能以及用户对程序的调用来追踪用户的空间移动，从而在节假日前后发布全国范围内的人口迁徙地图。而由于不同互联网公司算法中对于"迁徙"行为的定义、选取、记录与表达算法的不同，所揭示的迁徙行为也大相径庭，如某用户开车从北京通过廊坊前往天津，全程大约需两小时，在这两小时中，平台 A 如果选择每小时记录用户位置，将有可能得到两段迁徙行为：北京——廊坊与廊坊——天津。平台 B 若选择每半天记录一次用户位置，则有可能只记录一段北京到天津的位置移动。在平台 A 的数据中，廊坊在迁徙当中的"中心性"被放大了，而平台 B 的数据似乎更贴近真实迁徙行为。为了更好地利用新数据，需对专有平台和黑箱算法进行探索性的研究。

（3）平台空间划分与人类空间认知的差异。不少专有平台对于城市地理空间都有特定的划分，而这一划分与人类的空间认知往往有差别。如不少商业分类网站当中都有"商"的标识，通过网站识别和设定的"商圈"，用户可以方便地聚焦选择。但是网站所定义的"商圈"往往与规划中设定的商圈以及人们认知当中的商圈不尽相同。因此，利用新数据的城市研究需要注意平台定义的空间与人类空间认知之间的差异。

（4）空间定位的精度。城市研究中所采用的新数据空间定位有不确定性，往往体现在如下几个方面：第一，在对于基于位置的社交媒体的研究当中，发现如果用户提供了较大范围，系统仍将自动赋予精细的地理坐标。如大多数定位信息仅为"美国"的带位置微博，将会被定位到美国地理中心的堪萨斯州与俄克拉荷马州附近，而这些州在实际情形中往往不是微博活动的热点地区。第二，数据平台本身的设置也会对空间信息带来不确定性，而手机定位精度往往取决于手机基站的空间分布。第三，用户刻意提供不正确或者假冒的地理坐标。第四，空间位置的精度本身也随着时间和空间而变化，如 OSM 数据质量在不同城市之间相差较大。由于在空间研究当中可变单元问题与不确定地理环境问题等的存在，这些不确定的空间位置信息对于研究结果质量的影响被放大。

（5）数据与方法的可比性。利用新数据的城市研究需要一些经典的共享数据集作为标准来对研究方法与结果进行比较。如社会网络分析中的空手道网络数据已经成为新的社交网络分析方法的"试金石"。一方面，由于新数据的数据量一般较大，对其回归及其他统计分析结果往往在统计意义上显著，因此需要显著性以外的针对方法和结果的比较方式。另一方面，数据来源和方法的限制导致研究同主题的研究之间缺乏可比性。鉴于此，新数据环境下的城市研究亟须开放的经典数据集，新方法提出时需要将其对经典数据集的分析结果与现有方法的分析结果进行对比。

3.5 城乡空间社会调查的组织计划

由于城乡规划研究所涉及的问题往往比较复杂，社会调查的工作量也比较庞大，单一的个人难以有效地开展全面、深入的社会调查，难以取得丰硕的调查成果。城乡空间社会实地调查活动的开展，较多地是通过组建社会调查队伍或者成立调查小组，一定规模的人员共同参与、分解任务、总体协同，从而高质量、高效率地完成庞杂的社会调查任务。要组建一支高素质、高效率的社会调查队伍（或调查小组），必须恰当地选择调查人员，并应形成合理的整体结构。

3.5.1　组建调查队伍

1. 调查人员的基本素质

要恰当地选择调查人员，必须首先考虑和选择调查人员的个人素质，一个合格调查人员的基本素质要求包括：①正确的政治方向。社会调查的根本目的是为人民服务，为人民服务应成为每一个调查人员的基本政治方向。②健康的体质和吃苦的精神。社会调查是一项艰苦的工作，每一个调查人员都应该具有良好的身体素质和吃苦耐劳的精神，要能够适应流动的生活、工作条件和各种艰苦的环境。③乐观向上的心态和精神面貌。在社会调查的过程中可能遇到许多意想不到的困难和挫折，可能遭遇冷眼，受冷落，坐冷板凳，有时候调查快结束的时候还可能出现调整调查方案，甚至重新调查的情况，这就要求调查人员要有积极向上的乐观心态，要有毅力和勇气乐观面对任何挑战。④坚持下去的兴趣和决心。社会调查主要面向社会，面向基层，面向群众。调查人员应该培养对社会、基层和人民群众的情感，对调查工作充满兴趣，愿意主动承担责任义务。⑤一定的社会知识和实际工作经验。一个合格的调查人员应该对民情、民俗、民意、民心有较多的了解，具有一定的实地观察、人际交往和灵活处理问题的经验。⑥一定的文化知识和科学技能。调查人员应该具有一定的阅读能力、文字表达能力、摄影水平和数学素质，以适应填表格、做记录、搞统计乃至摄影、摄像的需要。⑦客观、公平、公正的态度。应对所有的被调查者一视同仁，平等相待，绝不盛气凌人，迎合奉承，要有一说一，有二说二，绝不能添油加醋，绝不能片面地肯定一切或否定一切。

2. 领导者和组织者的特殊要求

作为社会调查活动的领导者和组织者，除了应当具有上述一般调查人员的基本素质要求外，还应当有更高的特殊要求：①熟悉党和国家的方针、路线和法律法规，在调查过程中注意把握政策。②熟悉社会调查的理论知识和操作方法，科学有效地策划调查方案。③具有广博的理论知识和实践经验，能够将理论知识和社会实际结合起来科学研究。④具备一定的组织能力和管理经验，善于调动调查人员的积极性、主动性，取长补短，综合协调处理各种矛盾和应对各种困难。⑤信息敏感和灵活变通能力。在日常生活和社会调查过程中，应善于捕捉各种有用的信息线索，为社会调查提供灵感。在调查过程中如发现调查方案中有不适应实际的问题，应该善于及时、有效地灵活修正调查方案，不能认为既然已经花了大力气对方案进行了各种策划就应该万无一失了。

当然，以上关于一般调查人员及调查活动的领导者和组织者的各种素质要求，大多数是可以通过具体的调查研究活动予以培养和造就的，在最初选择的时候，也没必要刻意要求。但是一支良好的调查队伍的组建和逐步完善是相当不易的，最好能够保持调查队伍的长期稳定性，连续不断地多开展一些社会调查和研究活动，并应当将真实、具体的社会调查工作经历和调查经验教训等，以文字或影像资料的形式记录下来，提供给他人学习和参考。

3. 调查人员的结构

考虑了一般调查人员的素质要求以后，就有一个调查人员的搭配问题，也就是调查队伍的结构要求。结构要求存在多个方面：①职能结构。应当具有一两个善于总揽全局的领导者和组织者，有一批具有实干精神的调查人员，有一定数量的统计人员和计算机操作人员，以及若干个水平较高的研究人员和写作人员。②地域结构。应该注意外地人和本地人的结合，吸收一部分被调查地区的当地人（最好是具备一定的调查素质和能力）加入调查队伍，能够对调查活动起到相当大的促进作用。③知识结构。应当既有理论水平较高的研究工作者，又有经验丰富的实际工作者。④能力结构。这里的能力，是指实际调查能力，老手具有丰富经验，新手没有陈旧框框，新老搭配有利于取长补短，提高调查效率、质量以及调查队伍的学习成长。⑤性别结构。应该根据被调查对象的性别结构合理安排调查队伍的性别结构。

3.5.2　调查人员素质培训

组建好一支调查队伍之后，应该对这支队伍进行深入的摸底考察，根据调查队伍的素质和结构状况，进行必要的、有针对性的培训。

1. 介绍本项调查研究的总体情况

调查人员培训最好从介绍本项调查研究作为开始。即使调查人员只是参与资料收集阶段的工作，让他们了解研究的目的，研究结果的运用等问题，对调查人员而言也相当有用。一方面让调查人员感觉到自己是这项调查研究的成员之一，获得认同感和责任感；另一方面，系统地了解调查的状况有助于调查人员对问卷的理解，从而更好地开展调查工作。因此，研究者需要向全体调查人员介绍调查研究项目的总体情况，包括调查研究的计划、内容、目的、方法及其他与调查项目有关的情况，以便调查人员对该项工作有一个整体性的了解和认识。同时，要就调查访问的步骤、要求、时间安排、工作量与报酬等具体问题进行说明。

2. 标准化调查的基本要求和技巧

关于调查的基本技巧首先要介绍一些基本的调查技巧和环节，如，如何敲门，如何自我介绍，如何取得被调查者的信任，如何尽快与被调查者建立良好的合作关系，如何客观地提出问题，如何记录答案等。除了介绍调查的基本技巧外，还要着重介绍调查环节和方法中的标准化要求，如必须完全按题目提问，如何适当追问，如何完整记录答案，以及调查中必须保持"中立"的态度等。如果不对这些调查原则加以强调，出现调查人员随意提问或者随意引导，直接的后果是被访者所面对的测量工具不同，导致调查结果的信度受到影响。也就是说，同一份问卷，调查人员甲和调查人员乙对同一个人进行访谈，由于两者的提问方式和解释方式不同，导致被访者对问题的理解不同，最后调查结果不同，这种误差是非常严重的，降低了问卷的信度。此外，要让调查人员了解访问中可能遇的困难以及可能产生的错误行为及其原因，并提供解决的办法。

3. 抽样方案和调查问卷的学习

抽样方案和调查问卷是培训重点讲解的内容，可以在培训中专门抽出个时间段集中进行抽样和问卷的培训。如可以向调查人员尤其是新调查人员，介绍全国抽样中经常采用的区（县）、街道（乡镇）、居委会和居民户 4 级 PS 抽样设计等。让调查人员了解各级抽样单位，特别是被访者名单是如何被抽中的，这既可以促使他们理解正确访问被访者的重要性，还可以帮助他们心中有数地解答被访者的询问。

问卷是调查研究中用来收集资料的主要工具，研究者将研究内容通过调查问卷的形式体现出来，调查人员依据调查问卷对被访者进行提问，将被访者的回答记录在调查问卷上，研究者通过调查问卷数据的处理和分析，得出研究结论，调查问卷是调查资料的载体。调查人员应该完全熟悉问卷内容，满足研究者对填答质量的要求，同时，调查人员还需要促使被访者正确理解问题要旨，按其自身状况客观回答。因此，调查人员对调查问卷的掌握程度是保证调查数据质量的前提条件。

鉴于调查问卷在调查研究中的重要地位，在培训中，研究者需要对每个问题进行介绍，包括填答方式、填答要求、问题中关键概念的解释。虽然有的研究者在调查人员手册中对问卷进行了详细的说明，但培训中由研究者直接解释，一方面可增强调查人员的理解；另一方面，也可避免个别调查人员不看调查人员手册所造成的盲目性。对问卷的讨论最好是全体成员一起逐题讨论，千万不要简单地问一下"问卷第一页的内容，大家看有没有问题？"而是应该大声念出第一个问题，解释这个问题的目的，然后回答调查人员的提问，并充分考虑他们的意见和补充。在处理完他们所有的问题和意见以后，接着问下一个题目。

4. 调查人员手册的学习

为了尽可能做到标准化调查，即让每一位被访者面对相同的问题、相同的提问和相同的答案记录方式，特别是当被访者对调查内容有疑义时，调查人员能够有基本一致的处理方式或答复口径，研究者最好事先制定全面详细的调查人员手册，用于规范和指导调查人员开展调查工作，这同时也是调查监督调查人员调查工作的主要依据。在介绍调查问卷中的每一个题目时，研究者应该与调查人员一起查看问卷解释细则，一定要确信调查人员完全理解了调查问卷和调查问卷的解释细则。

调查人员手册一般包括以下内容：调查项目简介、项目的抽样设计、问卷解释细则、标准化访问的要求与技巧、访问的准备工作及注意事项、调查人员的职业规范等一切与调查有关的内容和制度。其中，问卷解释细则要尽可能详尽，问卷解释细则可以理解为问卷的使用说明书。问卷解释细则主要用来解释和澄清问卷在调查中可能产生的困难或是混淆的情况。如一些特殊情境可能会使问题难以回答，或者被访者对题目不能理解，问卷解释细则就应该提供详细的指导来解决这些可能发生的情况。如年龄这样简单的问题有时也会让人犯难，假设被访者说自己在下星期就 20 岁了，这时调查员可能不确定到底是要记被访者目前的年龄，还是最接近的年龄。问卷解释细则就是针对这类问题进行解释，并说明解释的办法（如果研究者制定以目前的年龄为依据，那就应当保证所有的样本记录原则都一致）。

在调查人员培训阶段，调查人员可能会提出很多麻烦的问题。如他们可能问"假如这样……我该怎么办？"在这种情况下，研究者千万不能随意进行回答。如果有问卷解释细则，一定要告诉他们首先从问卷解释细则中去找解决问题的办法。如果问卷解释细则遗漏了这个问题，就要认真添加到问卷解释细则中。对这类问题只给出随意的且无法解释清楚的答案，只会使调查人员更糊涂，他们因此也极有可能会不严肃地对待调查，或者在调查中会随意去解释被访者提出的问题。如果暂时不能回答调查人员的问题，那就清楚地告诉他们此问题还需考虑，等考虑成熟后再把答案告诉所有调查人员并向他们解释原因。

5. 分组模拟调查

在问卷和调查手册讨论结束后，研究者应该和督导一起在调查人员面前做一两次示范。研究者需要清楚地认识到，对参加培训的调查人员而言，研究者所示范的访问是调查人员模仿的范例。因此，必须做好这个工作，而且要尽可能接近真实的访谈情况。在整个示范过程中，不要半途中断去说明该如何处理某个复杂的问题，而应该小心处理好，然后做解释。这种示范也可以借助多媒体手段，将事先录制好的访谈实录播放出来，看完后，再根据实录进行提问、回答和点评。

在研究者和督导的示范结束后，督导将自己小组成员组织在一起，安排他们互相分组，分别访问对方。当他们的访问结束后，将各自的角色对调，再进行一次。督导直接组织自己小组成员进行模拟练习，研究者在调查人员进行练习时，四处走动，观察他们的练习。当这项练习结束后，每个小组以调查督导为主持人，分享在访问中出现的问题，并交换彼此的经验。调查督导在这个阶段需要记录模拟的过程，发现调查人员模拟过程中可能犯的错误。

6. 调查人员的"试调查"

在问卷设计和修改阶段，研究者往往需要到实地去进行试调查，以修改和完善问卷。在调查人员培训阶段，调查问卷本身已经基本修改完善，这个阶段也需要对调查人员提出"试调查"的要求。调查人员的试调查是在调查人员培训后期，正式调查之前。这时，调查人员通过前期的培训，已经初步了解调查的基本情况、技巧和要求，经过小组模拟访问后，进入真实环境进行 3 ~ 5 份试调查。试调查可以加强调查人员对问卷的熟悉以及对调查基本技巧的掌握。当调查人员完成试调查任务后，及时向调查督导汇报，调查督导及时检查调查人员完成的问卷，看是否有误解的迹象，并且再次与调查员沟通有疑问的地方。如果时间充裕，最好在所有调查人员结束试调查后，大家集中在一起，在研究者和调查督导的主持下，彼此交换经验和体会，将出现的问题进行进一步沟通和解决。

总之，培训的目的在于使每一位调查人员对问卷有一致的理解，并学习必要的访问技巧。

3.5.3　调查过程的控制与督导

调查过程的督导是指调查人员开始正式访问后的监督和指导工作，在这之前的指导活动都算培训。对于调查人员误差，除了通过培训不断提高调查人员的素质来加以克服外，通过有效的监督程序也能使其得到进一步的降低。对于学术性调查研究而言，调查人员的行为越是能得到有效的控制，调查人员产生的误差就会越小，访问得到的资料质量也就越高。

对调查人员的控制开始于培训阶段，在培训阶段通过细致的、面对面的方式传授调查内容、方法和技巧，通过筛选确定符合条件的调查人员进入正式调查，而不符合条件的调查人员则淘汰掉，这是培训阶段的控制。

1．抽样控制

从严格意义上讲，抽样问题与调查人员无关，调查人员的义务仅在于根据抽样员提供的被访者名单，做入户的一对一访问。但在实践中，不少调查研究中的调查人员往往也充当了抽样员的角色。研究设计中的抽样方案往往是一种理想设计，实际过程中的抽样与理想抽样会有一定的偏差。研究者在抽样方案设计以及调查人员手册中要尽可能详细地说明抽样的操作方案，如遇到某种情况该如何处理等类似的问题，要尽可能事先明确规定。当然，研究者对具体抽样实践细节的规定也只能考虑到某些常见情况的处理。有了比较详细的抽样指导细则，还不能保证抽样的标准化。一是对于调查人员是否按照抽样指导细则操作；二是如果遇到特殊情况如何处理，这些都需要调查督导进行抽样控制。

抽样控制主要集中在抽样过程中的两个环节：一是抽取居民住户；二是入户后选取调查对象。这两个环节都可能产生无回答误差，这种误差如果不控制，直接的后果是导致严重的样本偏差。所谓无回答误差，是指在抽样过程中，由于各种原因没能够对被抽出的样本单位访问成功，从而没有获得有关这些单位的信息，进而由数据缺失产生估计偏差。无回答误差可以分为无意无回答和有意无回答。前者为随机误差，后者则为系统误差，比较起来，后者产生的偏差更为严重。在整个数据收集过程中都可能产生无回答误差，资料收集一开始要做的就是查找调查对象，如果被调查对象找不到（搬迁等原因）或访问时不在家，就会由于"找不到"被调查对象而产生无回答误差。有时在调查过程中即使找到了被调查对象，也会由于被调查对象"拒访"而无法按事先规定的原则选取样本，从而产生无回答误差。不仅如此，有时即使调查开始后，被调查对象也会由于对某些问题不愿回答而"拒访"。

对于"访问者不在家"而产生的无回答误差，这种误差大部分是调查人员的主观原因造成的，可能是调查人员怕麻烦不愿多次敲门或不愿等待。针对这种情况，在抽样方案或者调查人员手册中有必要将"不在家"的含义精确化。由于这里涉及的问卷调查是截面调查，因此，调查通常是一个持续不太长时间的时间间隔。而"访问者不在家"的精确含义至少可以有两种理解：一种是调查对象较长时间不在家（可能出差在外、生病住院等），在调查持续进行的时间间隔内根本找不到，入户抽样的调查人员可以将此人排除在抽样范围以外，即不用将此人登记在表中；另一种是调查对象偶尔不在家，在调查进行的时间间隔内有可能找到，下面讨论的主要是后一种不在家的情况。如果确认调查对象访问时（偶尔）不在家，则可以继续入户抽样。如果被调查人员重复入户三次，被抽中的调查对象均不在家，则可以更换备选的住户，重新抽取调查对象。

由于"拒访"而产生的无回答误差在城市访问调查中经常遇到。从当前各类拒访类型的发生情况来看，拒绝调查人员入户是比较突出的。解决此类"拒访"的有效办法就是动员政府行政资源。目前，在中国城市进行的问卷调查，特别是在大城市，入户访问拒访率非常高，有时没有政府行政力量的推动根本就无法调查。如可以请街道或社区工作人员陪同入户引荐给调查对象，这样既可以消除调查对象的安全顾虑，也可以传递给调查对象一种配合街道社区"行政性任务"的信息。不过请社区工作人员陪同入户时，为了避免他们在场的干扰，一个必须注意的原则是只让他们带进门为止，带进门后就请他们离开。解决拒访问题除了争取行政力量支持外，另一种应对方法是在抽取住户时根据一定的比例，多抽取一些备用住户供替换。

在入户后抽取调查对象环节，如果由调查人员依据 Kish 表确定被访者，调查人员就有了自主的可能性空间。此时，入户后选择谁作为访问对象，就存在一个科学而严格的控制问题。根据一些研究者的经验来看，调查督导应该严格控制 Kish 表的发放，做到一户一张。否则，容易出现调查人员随意更换 Kish 表或更换被访对象的违规现象，进而影响整体抽样调查的随机科学性。研究设计者通常的预设是，调查人员在其工作的选择过程中总是趋轻避重。如在一次全国综合性调查中，问卷内容中具有较多涉及"工作变动"的问题，刚参加工作的被访者需要填答的内容较少，而中老年有较多工作经历的被访者，则需要花费较多时间填答此项。两类不同经历的人回答同一张问卷，其工作量的差异可能达到 20 分钟左右。从调查工作量和回报考虑，假如让调查人员有自己选择被访对象的权力，不少人会选择年轻的、工作经历简单的被访对象，这样省时省力，但会造成调查样本的偏差。还有一种经常出现的情况是，调查人员在做了两三户以后，户内的抽样就开始出现偏差，容易出现年龄偏大、老年人多的情况。因为在家的往往是老年人，年轻人一般不在家。虽然规定让调查人员去三次，很少有人会真的去三次。调查人员好不容易找到调查对象，好不容易敲开门，就直接登记在家的人，然后在这些人中选择一个进行调查。有时调查督导通过打电话回访时，会发现这家儿子或女儿还住在家里，但调查人员没有登记。这里有成本的问题，也有调查人员职业道德的问题。另外，如果调查人员手中同时有多份问卷，入户后即使是按 Kish 表抽样，也可以根据在家的人，从问卷中找一份与某个在家的人相匹配的问卷进行调查。

针对类似的误差，调查中研究者或调查督导应采用严格的抽样控制手段。如通过严格控制 Kish 表发放的方式监督调查人员的选择，一户一张 Kish 表；还可以将入户抽样与入户调查相分离，事先将户内调查对象抽出来，并将地址印在问卷上，然后再派调查人员进行调查。另外，对督导自身而言，必须保证 20% 的回访率，这样也可以在一定程度上对抽样进行控制，避免出现系统偏差。具体操作中要求调查人员做调查的时候，必须尽量把电话号码、联系方式找到，然后调查督导从已调查对象中随机抽出 20% 进行回访。当然，对作弊的调查员也要做出相应处理，包括废除他完成的所有问卷，并终止其调查员人资格。另外，保证回访率需要支付回访人员的劳务成本。在一般情况下，第一批调查问卷回来就应开始进行回访控制，并保证回访人员与调查人员分离（最好是互不认识的），即自始至终要派专门人员进行回访监控。

2. 调查现场督导

调查过程的控制方法多种多样，较为理想的做法是督导带领调查人员亲临调查现场，随机指派调查人员按事先确定的被访者名单入户。结束后催促调查人员及时整理问卷，完成后上交督导审核。现场审核完毕后再发放第二份问卷给调查人员继续调查。访问正式开始后，督导人员就应伴随访问员进行一些现场督导。现场督导可以采取公开方式，如陪同自己管辖的访问员，特别是陪同那些能力较弱、培训时表现不佳的访问员完成一两个访问。在访问开始阶段，这是一种监督访问质量非常有效的手段。因为在这个阶段，访问员对访问过程中的各个环节还比较陌生，比较容易出现误差，陪同访问的督导人员在现场可以随时发现操作误差，及时加以纠正解决。这样，除了能促使调查人员养成良好的访问操作习惯外，还能帮助他们树立克服困难的信心。

现场督导也可以采用隐蔽的方式，如在访问员结束这一户访问离开后，督导人员随即入户对被访者进行查访，了解访问员在访问过程中的表现，并请被访者对访问员的情况进行评价。在访问的中后期阶段，这种督导方式能有效地对访问员起到督促作用。因为经过一段时间后，调查人员会出现厌倦和疲惫心理，加上对访问技巧比较熟悉，故很容易会出现违规操作行为，而隐蔽的现场督导恰好能及时发现和纠正调查人员的违规操作行为。

现场督导还能有效地控制抽取被访者的过程，原则上对每一位调查人员的工作都要进行现场督导。督导人员每天可以按 10%～15% 的比例抽取调查人员，进行现场督导。如果有较多访问员出现了误差，可以在现场对他们进行有针对性的再培训。为了能保持对调查人员可能出现误差的敏感性，督导人员在访问开始前或初始阶段，最好能亲自做一些访问。现场督导的主要工作还包括在调查现场及时对问卷收发和基本质量进行复核。及时复核的作用在于使调查人员对问卷的个人加工时间降低到最少，有利于减少调查人员作弊的可能性；此外，及时发现和处理现场出现的质量问题，及时补充和修改，可以提高问卷的回答率和效度。对问卷的现场复核，主要针对问卷回答、填写情况进行审核，把存在漏答、错答等问题的问卷挑出来，及时进行现场的补救和处理。这样做，一般能得到调查员和被访者的积极配合。通过及时发现、及时通过电话或者重新入户等方法给予纠正，既提高了工作绩效，又保证了调查质量，还可以对接下来的调查工作具有及时的警示作用。根据督导的经验，对一个调查人员一般进行三次以上的现场复核后，就很难在他的后续调查人问卷中发现问题了。反之，如果一个调查人员经过三次现场复核仍存在较大问题，那么，该调查员就不再适合做后续的调查了。

虽然现场督导对调查人员的调查行为能够起到指导和监督作用，但并不是督导越严格效果越好。调查督导的强度可以影响调查人员的表现，但不能改变调查人员的技巧，过度密集式的督导时常有一定的反作用。因此，督导强度要适中，以整个调查过程中不发生调查人员与调查督导的对立、不满等负面现象为宜。

3．问卷审核控制

问卷审核控制主要是指通过对问卷内容的审核来控制调查质量。可以借鉴不少专业调查公司所采用的"问卷二审制度"，即调查人员必须当天交回当日访问的问卷，由调查督导对全部问卷进行卷面审核，对问卷中容易出现漏答、误答等的题目进行审核，不合格及时返工。问卷的第一次审核往往在现场进行，便于及时改正错误。问卷的第二次审核是在离开现场后的当日或次日，由研究者或者专门的问卷审核督导对问卷中的关键性问题以及有逻辑关系的问题进行二次审核，确保问卷的有效性、完整性和真实性。问卷的二次复核往往通过电话复核，即通过电话找到被访者，针对容易出现调查人员自己填答的问题进行回访，或者对有矛盾的问题进行回访，以检验调查人员是否作弊。二次复核中对调查人员的质量控制也可以实地复核，即由专门的复核员到调查现场，对既定问卷的填答进行逐一复核。一般而言，复核员应该与调查员之间没有任何联系，属于背对背进行的复核。为确保最终有足够的成功问卷，实施样本量应为成功样本量的 110%。

二次复核还需要注意的现象有同一位调查人员连续出现调查同类群体，连续出现拒绝留电话的被访者；连续出现同一类问题有不清楚、拒绝回答的情况等。这类现象的出现往往预示该调查人员可能作弊，或者表示该调查在问卷理解上有系统偏差，需要立即与该调查人员沟通。最好的沟通方法是调查督导与调查人员及时面谈，先听他对问题的解释或介绍调查情况，然后查实是否与实际情况相符合。如果发现调查人员有作弊行为，处理办法就是将其完成的问卷一律作废卷处理，结束该调查人员的调查访问工作。

第 4 章

城乡空间社会调查的研究分析

4.1 城乡空间社会调查资料的整理

整理资料就是根据调查研究的目的，运用科学的方法，将城乡空间社会调查所获取的资料进行审核、检验、分类、汇编等初步加工，使其更加系统化和条理化，以简明集中的方式反映调查对象的总体情况和工作过程。整理资料是研究资料的基础，是城乡空间社会调查的研究阶段的正式开始。本章主要介绍城乡空间社会调查所获得的资料（如文字、数据、问卷等）的整理方法和资料分析。

4.1.1 调查资料整理的意义和原则

4.1.1.1 调查资料整理的意义

1. 提升调查资料质量及其使用价值的必要步骤

通过调查方法所获得调查资料，特别是大量的第一手资料，往往是分散、零乱的，可能存在着不少的虚假、差错、短缺和冗余等不良情况。这些资料根本无法直接运用于工作，必须首先对这些资料开展全面的检查和整理，区分资料的真假和精粗，消除资料中的虚假、差错、短缺和冗余等不良现象，以保证资料的真实、准确和完整，必要时还应继续开展补充调查等。这样就大大提高了城乡空间社会调查资料的质量和使用价值。

2. 研究资料的重要基础

正确、有价值的调查研究结论，是建立在科学的统计和分析的基础上的，而这又依赖真实、准确、完整的调查资料。在进行正式的资料分析之前，应认真鉴别和整理调查资料，修正或舍弃不合格的基础资料，从而在统计分析和理论分析之前就消除各种差错，使调查资料顺利地进行研究、分析，并获得更科学的结论。

3．保存资料的客观要求

城乡空间社会调查所获得的资料，不仅可以用于某一次的研究与分析，而且可以为今后类似或相关研究提供基础资料。实践证明，真实、准确的调查资料，往往具有长久的研究价值，而且其价值会在一定程度上随着时间的推移而增加，因此，合理地整理调查所用的客观资料，既是本次研究的要求，也是资料长期保存和多次利用的客观需要。

4.1.1.2　调查资料整理的原则

与一般的社会调查相同，城乡空间社会调查资料整理具有以下原则：

1．真实准确

用于保存和后续分析的资料，必须是客观的、实事求是的，不应弄虚作假，也不应由调查人员主观臆断。此外，整理后的资料还应是语义明确的，不能含混不清或资料、数据前后矛盾。

2．完整统一

整理所得的资料，应该是能够全面、完整地反映调查对象的整体状况。要保证资料的完整性，应注意对调查对象的操作定义、调查方法、指标设定、单位核定、数据计算等方面协调统一，为下一步的研究与分析工作提供有效的基础。

3．简明集中

整理后的资料，应尽可能地系统化和条理化，并以简明、集中的方式反映调查对象的总体情况。如果整理后的资料仍旧是杂乱无章、臃肿的，则让人难以对调查对象形成一个完整、清晰的印象，会给进一步的研究增加许多困难。

4．视点新颖

整理调查的结果，应尽可能用合理而又新颖的视点来反映调查对象，避免用过于陈旧的思路，以便于发现新的思路，得出新的有价值的观点。

4.1.2　调查资料整理的方法和步骤

4.1.2.1　文字资料的整理

城乡空间社会调查中的文字资料包括实地观察、访问的记录和搜集的各种历史文献。由于定性资料基本上属于文字资料，因此一般也把文字资料整理称作定性资料整理。由于文字资料在来源上存在差异，所以其整理方法也略有不同，但是通常情况下可划分为审查、分类和汇编三个基本步骤。

1．文字资料的审查

所谓审查，就是通过仔细推究和详尽考察，来判断、确定文字资料的真实性和合格性。

文字资料本身的真实性审查也称信度审查，即判断资料本身是否是真品以及它是否真实可靠地反映了调查对象的客观情况。它是指通过细究和考察以判明调查所取得的文献资料、观察和访问记录等文字资料本身的真伪。文字资料的真实性审查也称可靠性审查，它包括两个方面：一是文字资料本身的真实性审查；二是文字资料内容的可靠性审查。

文字资料本身的真实性审查一般采用两种办法：

（1）外观审查，即从作者、编者、出版者、版本、印刷技术、纸张等外在情况来判断文献的真伪。

（2）内涵审查，即从文献的内容，使用的词汇、概念，写作的技巧和风格等内在情况来判断文献的真伪。

文字资料内容的可靠性审查，一般采用的方法如下：根据以往实践经验来判断资料的可靠性，如果发现资料中有明显违反实践经验的东西，那么就应该重新调查或核实。

2．文字资料的分类

文字资料的分类工作，就是按照科学、客观、互斥和完整的原则，根据文字资料的性质、内容或特征，把有差异的资料区分开来，把相同或相近的资料合并为同一类别的过程。文字资料的分类有前分类和后分类两种方法：前分类是指在设计调查提纲和问卷时，按照事物的类别分别设计出不同的调查指标，再按照分类指标搜集和整理资料；后分类是指在将调查资料搜集起来之后，根据资料的性质、内容或特征等将它们分门别类。分类本身就是对调查资料的一种分析和研究，是认识社会现象的初步成果，是揭示事物内部结构的前提，也是研究不同类别事物之间的关系基础。

3．文字资料的汇编

所谓文字资料的汇编，是指根据调查研究的实际要求，对分类完成之后的资料进行汇总、编辑，使之成为能反映调查对象客观情况的系统、完整的材料。文字资料的汇编既可以按人物，也可以按事件发生的时间顺序或者按事件发生的背景以及按分析的要求进行。文字资料的汇编，首先，应根据调查的目的、要求和调查对象的具体情况，确定合理的逻辑结构，使汇编后的资料既能反映城乡空间社会调查对象总体的真实情况，又能说明调查所要说明的问题；其次，要对分类资料进行初步加工。

4.1.2.2　数字资料的整理

数字资料是社会调查中最具价值的重要资料，主要是指所收集到的数字及其组成的图文、图表资料。另外，很多文字资料，在经过了审核、分类并赋予一定数值之后，也转化成数字资料。数字资料是调查研究中定量分析的依据，因此数字资料的整理也叫作定量资料的整理。

1．数字资料的检验

所谓数字资料的检验，就是通过经验判断、逻辑检验、计算审核等方法，检查、验证数字资料的完整性和正确性。数字资料的完整性检查，主要检查被调查单位是否有遗漏，及各个单位填报的表格是否齐全。而正确性检查，主要看数据是否符合实际情况，以及计算、统计方法是否准确、合理。若检验中发现问题，应及时纠正或修正，必要时对部分内容重新进行调查。

2．数字资料的分组

所谓数字资料的分组，就是选用合理的标准，把调查的数字资料划分为不同的部分，便于考查各组的特征，进而分析整个事物内部的构成状况，以及各事物间的相互关系。数字资料的分组包括如下步骤：

（1）确定分组标志。即选用合理的分组标准或依据，如质量标准、数量标准、空间标准或时间标准。

（2）确定分组界限。它包括确定组数、组距、上下限，以及按合理的方法计算组中值（图4-1）。

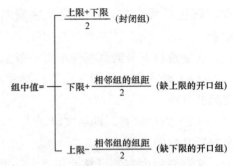

$$组中值= \begin{cases} \dfrac{上限+下限}{2} & （封闭组） \\[2mm] 下限+\dfrac{相邻组的组距}{2} & （缺上限的开口组） \\[2mm] 上限-\dfrac{相邻组的组距}{2} & （缺下限的开口组） \end{cases}$$

图4-1 数字资料整理组中值的确定方法

3．编制变量数列

编制变量数列是把数量标志的不同数值编制为数列，并纳入不同的变量数列表。这里的变量，指的是在统计时，各个数量标志中可以取不同数值的量。

4．数字资料的汇总

所谓数字资料的汇总，就是根据社会调查和统计分析的研究目的，把分组后的数据汇集到有关表格中，并进行计算和累加，从而集中反映调查对象的总体数量，汇总工作多采用计算机软件完成。

5．制作统计表和统计图

汇总的数字资料大多要通过表格或图形等方式表现出来，这就是要制作统计表和统计图。统计图是用几何图形或象形图来显示社会现象数量特征的一种重要工具。它具有直观、形象、生动、醒目等特点，可以使读者一目了然，具有较大的吸引力和说服力。按照统计图的制作形式，统计图可分为条形图、饼状图、曲线图等。

（1）条形图。或称柱形图。它可以用来表示事物的大小、内部结构或动态变动等情况，应用范围十分广泛（图4-2）。

（2）饼状图。它是以圆形面积的大小或圆内扇形面积的大小来表示事物的大小和事物内部各部分所占比重的图形。它的作用主要是用来显示事物内部的构成状况（图4-3）。

（3）曲线图。它是用连续的起伏升降的线条来反映事物的动态或分布特征的一种统计图（图4-4）。

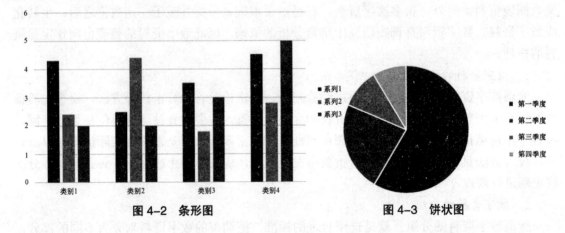

图4-2 条形图　　　　　　　　　　图4-3 饼状图

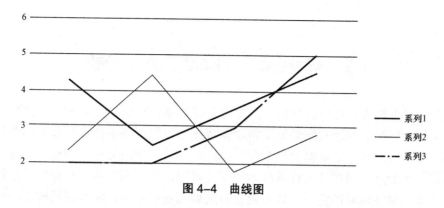

图 4-4　曲线图

统计表是指记载汇总结果和公布统计资料的表式。它是表述数字资料的主要形式，具有系统、完整、简明、集中的特点，便于查找、计算和开展对比研究等。

4.1.2.3　问卷资料的整理

1. 问卷审查

城乡空间社会调查回收的问卷必须经过认真审查，具体审查的内容包括调查资料的选择是否符合原设计要求，调查指标的理解和操作定义的操作是否出现误差，对询问问题的回答是否符合原设计要求，回答填写的数据是否真实准确，对问卷中设计的检验性问题的回答是否经得起检验，问卷内容是否填写完整等。如果出现问题应采取适当方法进行处置，处置的原则是①凡是问卷已有答案中可以解决的问题，发现后马上处理，以免遗忘。②凡是问卷已有答案中无法解决的问题，应尽力开展补充调查弥补遗憾。③凡是无法补充调查或无法补救的不合格回答，可对该项目做无回答或无效回答处理。凡是调查对象的选择违背原设计方案、问卷中主要内容填写错误且无法补救，该问卷应作为不合格问卷予以淘汰。

2. 开放型回答的后编码

由于问卷中开放型回答的种类和数量无法在城乡空间社会调查前设计调查方案和调查问卷时做出估计，只有在调查结束之后对问卷整理时做后编码。后编码的程序是①预分类和预编码；②"对号入座"，即对其他问卷的回答按照预分类和预编码进行归类；③增加新类别和新编码，即其他问卷的回答在预分类和预编码中不能找到相应选项，则编制新的类别和编码；④选择、归并分类类别和编码，即按照研究需要将相近类别合并，有用类别保留，无用类别删除，对选择归并后定型的回答类别正式编码，完成编码工作。

3. 数据的录入

问卷中的数据在录入计算机后，方可进行方便的统计分析和定量研究。数据录入是整理问卷资料和计算机汇总的重要环节，是对数据和问卷进行统计分析研究的基础。因此，对此项工作应当重视，数据的录入工作要认真仔细，并做到反复校对，消除录入误差。

4.2 城乡空间社会调查资料的分析

城乡空间社会调查资料数据分析阶段是将多源数据进行描述、揭示、预测和规范的步骤，剖析调研的特征、原因和结果，是将数据转化为规划策略的核心环节。调查资料分析的目的是为下一阶段的规划策略提供数据支撑，通过时间推演分析，构建"事件—人群—时间—空间"的关系。如在社会特殊群体问题调研中，需要剖析调研对象的核心诉求与空间的对应关系；在城乡有机更新、城乡社会营造类问题调研中，需要剖析核心问题与不同要素之间的对应关系。

对调查资料的整理分析，采用"定性＋定量"的交叉耦合方法。其中，定性数据分析通常运用于访谈整理和图形信息中，对时间、空间、采访人群的类型进行分类整理，提取空间要素特征，绘制情景图示；定量数据分析通常运用于不同维度的数据的交叉耦合分析中，通过回归分析法、社会网络分析法、路径分析法对核心变量要素进行交叉分析。最终将"定性＋定量"结果交叉耦合，揭示多源数据的内在联系，预测核心问题的发展走向。

4.2.1 定量分析

城乡空间社会调查资料的定量分析是对社会现象或事物的规模、范围、程度、速度等方面数量关系的情况和变化，进行变量计算和考察分析，弄清其数量特征的方法。简而言之，就是从事物数量方面入手进行分析研究。目前，在调查研究中进行定量分析已越来越普遍，使用定性、定量相结合的方法已成为大势所趋，也是调查研究走向完善的标志。定量分析的基本方法有单变量分析法、双变量分析法与多变量分析法。

4.2.1.1 单变量分析法

单变量分析法，是在一个时间点上对某一变量进行描述和推论。根据数据获取方式的不同，单变量分析可分为单变量描述统计和单变量推论统计两种方式。

1. 单变量描述统计

单变量描述统计，一般在数据的获取包括研究的全体对象时采用。它分为研究变量的全貌和典型特征两部分。其中，变量的全貌是通过分布来描述的，即将资料简化为变量值和频次的集合。为了使这种分布更直观，常采用统计表、统计图的形式。单变量描述统计包括频数和频率、集中量数分析和离散量数分析。

2. 单变量推论统计

单变量推论统计，一般在资料的搜集只包括研究对象的一个或一些随机样本时采用。它分为参数估计和假设检验两部分。

（1）参数估计。参数估计是根据抽样结果，科学地估计总体特征值的大小或范围。设变量总数为 N，各个变量值为 X_i，平均值为 u，标准差为 σ，$Z_{(1-\alpha)}$ 为置信度，则总体均值区间估计为

$$\mu - Z_{(1-\alpha)} \frac{\sigma}{\sqrt{N}}$$

总体百分数的区间估计：$p \pm Z_{(1-\alpha)} \sqrt{\dfrac{p(1-p)}{N}}$

（2）假设检验。假设检验是根据抽样结果在一定可靠性的基础上对原假设做出接受或拒绝的判断。它的主要步骤包括①建立虚无假设和研究假设，通常将原假设作为虚无假设；②指定显著性水平（小概率事件发生的可能性），通常取 0.05、0.01；③通过样本数据计算统计值，查找显著性水平对应的临界值；④将统计值与临界值进行比较。

4.2.1.2 双变量分析法与多变量分析法

在社会研究中，可以发现有许多事物和现象之间存在着某种联系，而且，各种现象之间的联系形式，大多能够通过数量关系反映出来。因此，不能只停留在对某一单一变量全貌的描述上，还必须进一步从若干个变量的数量分析中去把握它们的关系。

1. 变量之间的关系

社会现象之间相互联系的形式，一般大致可分为两大类：一类是相关关系，是指事物之间的不完全确定的关系；另一类是函数关系，是指事物之间有完全确定性关系。即变量之间存在着一种严格的数量上的关系，而且变量有自变量和因变量之分，或者说，变量之间存在着必然的因果关系。对这种关系进行统计分析的方法，称为回归分析法。

2. 相关关系的含义

相关关系是指在双变量或两个以上变量之间不存在严格的数量关系，只表现为不同程度的联系；彼此之间存在着一种伴随变动状态，并无因果关系，因而也没有自变量和因变量之分，即现象之间确实存在的、但关系数值不固定的相互依存关系。对这种相关关系进行统计分析的方法，称为相关分析法。

3. 相关关系的种类

依据划分标准不同，相关关系可分为如下几种：

（1）按照相关关系的程度划分，相关关系可分为零相关、低度相关、显著相关、高度相关和完全相关。

（2）按照相关关系涉及的因素的多少划分，相关关系可分为单相关和复相关。只涉及两个变量之间的相关关系是单相关；涉及三个及其以上变量的相关关系为复相关。

（3）按照相关关系的表现形式，相关关系可分为直线相关和曲线相关。直线相关是指一变量变动，另一变量随之发生大体上均等相应变动，反映在图形上，近似地表现为一条直线；曲线相关是指一变量发生变动，另一变量随之发生不均匀的变动，反映在图形上，近似地表现为一条曲线。

（4）按照相关关系的性质划分，相关关系可分为正相关、负相关和零相关。其中，正相关是指一变量变动时，另一变量也向同一方向变动，如职工的工资一般是随着工龄的增长而增长的；负相关是指一变量变动时，另一变量向相反方向变动，如随着一个地区人均受教育年限增加，人口出生率便会减少。

4．相关统计量

仅仅为了明确相关概念，从理论上确定变量之间的相关关系是远远不够的；还需计算其相关程度，即确切了解相关程度究竟有多大。相关统计量是概括两个变量相关程度的数值。相关统计量也有各种不同的测算方法，但是无论是哪一种测算方法，相关统计量的取值却大体一致。相关统计量的绝对数值越大，则表示现象之间的相关程度越大；相关统计量的正、负号，代表了现象连同发生或共同变化的不同方向。在计算相关统计量时，根据相关的概念一般要求变量居正态分布且两个变量的数据数目都应大于 30，否则相关统计量就不能正确地反映两个变量相应变化的实际程度。

5．交互分类表

要计算相关统计量，首先要做交互分类表。所谓交互分类表就是指将两个变量按其变化类别的次数进行交互分配的统计表。由于表内的每一次数都同时满足两个标志的要求，所以又称条件次数表或列联表。

交互分类表的编制方法和步骤如下：

（1）分别确定自变量和因变量。自变量是作为变化根据的变量，用 X 表示。因变量是发生对应变化的变量，用 Y 表示。

（2）设计表的具体格式。在通常情况下应将自变量放在表的上方，因变量放在表的左边，并使自变量的次数分配按纵向排列，因变量的次数分配按横向排列。

（3）计算自变量和因变量各组相应的分布次数，并设置两个合计栏，分别表明各个变量分组次数分布情况。

为了方便计算，X_i 表示自变量，Y_i 表示因变量，f 表示交互分类的次数，F 表示边缘分布的次数，N 表示总次数，则交互分类表可用一般的代数形式表示。

交互分类表的大小由横行数目（r）和纵列数目（c）确定，即

$$交互分类表大小 = r \times c$$

4.2.1.3 χ^2 检验

双变量相关分析的主要任务之一是检验两个变量之间是否存在相关关系。做这种相关性分析通常用 χ^2（读作"卡方"）检验法。χ^2 检验要借助于交互分类表进行计算，其计算公式为

$$\chi^2 = \sum \frac{(f_0 - f_e)^2}{f_e}$$

式中　f_0——交互分类表中每一格的观察次数；

　　　f_e——每一个观察次数所对应的理论次数或期望次数。

4.2.2　定性分析

城乡空间社会调查资料的定性分析是对研究对象进行"质"的方面的分析，运用据事论理，用思辨的方式，依靠个人判断能力和直观材料，确定社会现象或事物发展变化的性质和趋向，对获得的各种材料进行思维加工，从而能去粗取精、去伪存真、由此及彼、由表及里、达到认识事物本质、揭示内在规律。定性分析的根本方法是哲学方法，

即揭示事物发展的一般规律的方法。除此之外，还可采用系统方法、逻辑方法，常用的方法如下：

4.2.2.1　矛盾分析法

矛盾分析法是运用唯物辩证法对立统一的原理，具体分析事物内部矛盾及其运动状况，从而认识客观事物的方法。其具体做法分为三个步骤：

（1）从调查所得的大量材料中找到事物的矛盾，即找到问题。因为问题即是应该消除或缩小的差距，差距就是矛盾。

（2）对事物存在的矛盾进行分类，看它们是属于历史遗留—现实产生、客观存在—主观思想、自然条件—人为造成、局部—全局、根本—枝节，还是眼前—长远的矛盾。

（3）分析矛盾的对立面，考察矛盾的主要方面与其他方面互相依存、斗争、转化的条件，从而把握矛盾的特性。

4.2.2.2　比较分析法

比较分析法就是确定认识对象之间相异点和相同点的思维方法。比较分析法是对城乡空间社会调查资料进行理论分析的最常用、最基本的方法。世界上没绝对相异的事物，也没有绝对相同的事物，事物之间的差异性和共同性，正是比较分析法的客观基础。

比较分析法是通过对各种事物或现象的对比，发现其共同点和不同点，并由此揭示其相互联系和相互区别的本质特征，"不怕不识货，就怕货比货"。有了比较，就可以在诸多调查资料中同中求异和异中求同，为进一步的理论加工奠定基础。

任何客观事物之间都存在着相同点和相异点，因此都可以对它们进行比较分析，只不过可比的方法和层次不同。在城乡空间社会调查资料的理论分析中，既要善于运用比较分析的方法，又要善于选择比较的方面与层次，要注意通过比较来透过现象发现本质。

城乡空间社会调查报告常用的比较方法有横向比较法、纵向比较法、理论与事实比较法；常用的分类方法为先进行比较，弄清事物的异同，根据共同点将事物归集为一大类，然后根据差异将大类划分为几个小类，以此类推，事物就被区分为具有一定从属关系的，不同层次的大小类别，明确地反映出客观事物之间的区别和联系。

1. 横向比较法

横向比较法就是根据统一标准对同一时间的不同认识对象进行比较。它既可以是同类事物之间的比较，也可以是不同事物之间的比较；既可以是同一事物不同方面之间的比较，也可以是同一事物不同部分之间的比较。横向比较法可以是在质或量上的区别，也可以是两种空间上的比较，如把调查对象的有关资料和不同地区、不同民族、不同国家的同类现象的资料进行比较。如在调查城市居民的生活方式时，可以把中国人的生活水平、生活实践结构、休闲方式等资料和国外的同类资料放在一起相比较，从中发现中外生活方式的差异等。

2．纵向比较法

纵向比较法是对同一认识对象在不同时期的特点进行比较的方法，既可以是同一事物不同时期之间的比较，也可以是同一事物不同发展阶段之间的比较。纵向比较法是揭示认识对象不同时期、不同阶段的特点及其发展变化趋势的思维方法，又可叫作历史比较法。如要调查某一城市的结构和功能布局情况，就可以把该城市的结构和功能布局现状和历史上不同时期的，有关城市的结构和功能布局的资料进行比较，这样就很容易发现这一城市的结构和功能布局的历史沿革和发展演变等。

3．理论与事实比较法

理论与事实比较法是把某种理论观点与客观事实进行比较。在城乡空间社会调查中，人们除了对客观事实进行比较之外，还必须将理论观点、研究假设与客观事实相比较，看看理论观点、研究假设是否符合客观事实。理论与事实的比较过程，实质上就是用客观事实检验理论和研究假设的证实或证伪过程，理论与事实比较法也就是检验理论和发展理论的方法。如在对生态城市的规划建设情况进行调查时，可以将生态城乡规划建设的理论体系和生态城市建设实践的典型事实进行比较，从而科学地检验和发展生态城乡规划与建设理论。

4.3 城乡空间社会调查数据的整合

4.3.1 回归分析法

4.3.1.1 回归分析法概述

回归分析法是通过一个数学方程式反映现象之间数量变化的一半关系的一种统计分析方法。其一般分为直线回归分析和非直线回归分析，直线回归分析又可分为简单回归分析和多元回归分析。回归分析和相关分析的研究对象都是社会现象之间的相关关系。相关分析的重点在于确定事物之间相关的方向及其密切程度，即通过计算相关统计量来测定；而回归分析着重确定社会现象之间量变的一般关系值，建立变量之间数学关系式，也就是确定回归方程式，从而根据自变量的已知数值，估计因变量的应得数值。根据回归方程式，如果能在散布图上作出一条直线，这一直线就叫作回归直线；根据资料所得的散布点可绘制直线。这样的直线可以画出很多条，每条直线都可以用一个数学方程式来描述，即每条回归直线都表示两个变量之间的依存关系，但其中只有一条是最符合实际情况的，即最优的回归线。直线回归分析的任务就是要确定描述两个变量之间关系的直线方程，从而画出一条最接近于各点的直线。一元直线回归方程的基本形式：

$$y_c = a + bx$$

式中　x——自变量；

　　　y_c——因变量，即用 x 预测 y 时的估计值；

　　直线在 y 轴上的截距，是用 x 预测 y 时的起点值，也是 x 等于零时的估计值；

回归直线的斜率，表示 x 变化时 y 的变化幅度，又称回归系数。

4.3.1.2　SPSS 软件的概况

SPSS（Statistical Product and Service Solutions）即"统计产品与服务解决方案"软件。最初软件全称为"社会科学统计软件包"（Solutions Statistical Package for the Social Sciences），但是随着 SPSS 产品服务领域的扩大和服务深度的增加，SPSS 公司已于 2000 年正式将英文全称更改为"统计产品与服务解决方案"，这标志着 SPSS 的战略方向正在做出重大调整。SPSS 为 IBM 公司推出的一系列用于统计学分析运算、数据挖掘、预测分析和决策支持任务的软件产品及相关服务的总称，有 Windows 和 Mac OS X 等版本。

SPSS 的基本功能包括数据管理、统计分析、图表分析、输出管理等。SPSS 统计分析过程包括描述性统计、均值比较、一般线性模型、相关分析、回归分析、对数线性模型、聚类分析、数据简化、生存分析、时间序列分析、多重响应等几大类；每类中又分几个统计过程，如回归分析中又分线性回归分析、曲线估计、Logistic 回归、Probit 回归、加权估计、两阶段最小二乘法、非线性回归等多个统计过程，且每个过程中又允许用户选择不同的方法及参数。SPSS 也有专门的绘图系统，可以根据数据绘制各种图形。

SPSS for Windows 是一个组合式软件包，它的分析结果清晰、直观、易学易用，而且可以直接读取 Excel 及 DBF 数据文件，现已推广到各种操作系统的计算机上，它和 SAS、BMDP 并称为国际上最有影响的三大统计软件。在国际学术界有条不成文的规定，即在国际学术交流中，凡是用 SPSS 软件完成的计算和统计分析，可以不必说明算法，由此可见其影响之大和信誉之高。

4.3.1.3　案例应用

1．数据来源

基于大学生的问卷调查数据，运用 SPSS 统计软件对影响大学生创业意愿的因素进行 Logistic 回归分析。通过调查问卷收集数据，以河北省石家庄、张家口和秦皇岛等三所高校为样本总体，共随机发放调查问卷 300 份，回收问卷 297 份，有效问卷 292 份，有效回收率 97.33%。

2．研究方法

以创业意愿为因变量，将创业意愿分为有和没有两个水平；把影响大学创业意愿的因素分为三类：个人因素、家庭因素和社会因素，其中个人因素包括性别、年龄、性格、专业、是否有冒险创新精神和是否很希望自己有一番成就六个变量；家庭因素包括家庭经济情况和父母态度是否支持两个变量；社会因素包括学校是否有相关的活动或者培训和学生对政府的相关优惠政策是否了解两个变量（表 4-1）。首先就各个变量进行单因素二项回归分析，并对显著性变量进行共线性检验；最后进行多因素二项回归分析。所有分析过程在 SPSS 20.0 统计软件上完成。

表 4-1 影响大学生创业意愿的 Logistic 回归分析的自变量解释及赋值表

分项	变量名称	赋值
Y	是否有创业意愿	是 =1；否 =0
X_1	性别	女 =1；男 =0
X_2	年龄	大一 =1；大二 =2；大三 =3；大四 =4
X_3	专业	理工类专业 =1；非理工类专业 =0
X_4	性格	性格外向 =1；性格内向 =0
X_5	家庭经济情况	家境富裕 =1；家庭贫困 =0
X_6	父母是否支持	是 =1；否 =0
X_7	是否有冒险创新精神	是 =1；否 =0
X_8	是否很希望自己有一番成就	是 =1；否 =0
X_9	学校是否有创业的相关活动	是 =1；否 =0
X_{10}	对政府的相关政策是否了解	是 =1；否 =0

3．大学生创业影响因素的单因素 Logistic 回归分析

根据手机的数据采用 SPSS 20.0 统计软件对 10 个自变量分别进行单因素 Logistic 回归分析，给定显著水平 0.05，分析结果显示：年龄（$P=0.004$）、性格（$P=0.002$）、父母态度（$P=0$）、冒险创新精神（$P=0$）、自我期望（$P=0.001$）、对政策的了解（$P=0$）这六个因素对 [$P=（Y=1）$] 的影响都是显著的，可能是大学生创业意愿的相关影响因素。由于自变量数量仍然较多，需进一步进行筛选，并且这六个因素之间可能存在线性关系，所以对这六个因素进行共线性诊断。

4．多因素 Logistic 回归分析

采用 SPSS 20.0 统计软件对参数进行估计和检验，因变量创业意愿（对照 = 没有）的回归，结果见表 4-2。

表 4-2 多因素 Logistic 回归分析结果（方程中的变量）

分项	B	S.E	Wals	df	Sig	Exp（B）
政策	1.241	0.369	11.331	1	0.001	3.459
年龄	−0.243	0.144	2.833	1	0.092	0.784
性别	−0.154	0.363	0.179	1	0.672	0.858
性格	0.585	0.358	2.427	1	0.119	1.747
态度	2.998	0.360	69.467	1	0.000	20.044
冒险精神	0.760	0.374	4.128	1	0.042	2.138
自我期望	0.255	0.397	0.413	1	0.520	1.291
常量	−2.019	0.551	13.436	1	0.000	0.133

由表 4-2 中的 Sig 看出，影响大学生创业意愿的显著因素有三个：父母态度、对政策是否了解和冒险精神；进一步由 SPSS 20.0 统计软件得到三个变量参数的极大似然估计等见表 4-3。

表 4-3　拟合结果（方程中的变量）

分项	B	S.E	Wals	df	Sig	Exp（B）
态度	3.176	0.352	81.602	1	0.000	23.951
冒险精神	0.881	0.362	5.927	1	0.015	2.414
政策	1.151	0.350	10.852	1	0.001	3.162
常量	−2.307	0.344	44.987	1	0.000	0.100

通过表 4-3 中 Exp（B）可以看出：父母持支持态度对有创业意愿的发生比是父母持反对态度的 23.951 倍；了解相关政策对创业意愿的发生是不了解政策的 3.162 倍；具有冒险创新精神对有创业意愿的发生是没有冒险精神的 2.414 倍。即三者按影响大小排序为父母态度、对政策是否了解、冒险创新精神。进一步分类可知，拟合出的模型的正判率为分类表中显示的 86.6%，从构建模型的角度而言，拟合程度较高。

5．结论

由模型可知：父母支持、对政府相关政策较为了解并且自身具有冒险创新精神的大学生创业的意愿更强烈，创业成功的概率更大。由此得出结论：父母态度的影响最为显著，对政府相关政策的了解次之，个人冒险精神位居第三。同时，满足父母支持、对相关政策比较了解、自身有冒险创新精神三个条件的创业概率是三个都不满足的创业概率的 10.5 倍。

4.3.2　社会网络分析法

4.3.2.1　社会网络分析法概述

社会网络分析法指的是作为节点的社会行动者及其之间关系的集合，是对社会网络的关系结构及其特征进行定量分析的一种研究方法。也可以说，一个社会网络是由多个点（社会行动者）和各点之间的连线（行动者之间的关系）组成的集合。用点和线来表达网络，这是社会网络的形式化界定。城乡空间社会调查所采用的社会网络分析法中，其资料的收集方法为线人法、提名法、档案资料法、问卷法等。社会网络分析法包括中心性分析、子群分析、角色分析和基于置换的统计分析等。

常规统计分析处理的都是属性数据，社会网络分析处理的则是关系数据，其分析单位是"关系"，是从"关系"角度出发研究社会现象和社会结构，从而捕捉由社会结构形成的态度和行为。近年来，随着社会网络理论的不断完善和发展，越来越多的学者开始使用社会网络分析法研究城乡空间社会调查资料的整合工作。

4.3.2.2　UCINET 软件的概况

UCINET（University of California at Irvine Network）是一种功能强大的社会网络分析软件，它最初由加州大学欧文分校社会网研究的权威学者 Linton Freeman 编写。

UCINET 是最流行的社会网络分析软件，包含网络规模、网络密度、中心性、凝聚子群、结构等，是一种可以实现画图功能的 NetDraw，三维展示分析软件 Mage，集成了

Pajek 用于大型网络分析的 Free 应用程序。UCINET 为 Windows 程序，是最知名和最经常被使用的处理社会网络数据和其他相似性数据的综合性分析程序。

通过问卷或数据表的形式获得城乡空间社会调查资料，数据的输入方式多种多样，可以用 Excel 或常见的文本编辑器输入，也可利用 UCINET 本身的数据表程序输入。UCINET 能够处理的原始数据为矩阵格式，提供了大量数据管理和转化工具。该程序本身不包含网络可视化的图形程序，但可将数据和处理结果输出至 NetDraw、Pajek、Mage 和 KrackPlot 等软件作图。UCINET 包含为数众多的基于过程的分析程序，如聚类分析、多维标度、二模标准、角色和地位分析和拟合中心 – 边缘模型。此外，UCINET 软件有很强的矩阵分析功能，如矩阵代数和多元统计分析。它是目前最流行的，也是最容易上手、最适合新手的社会网络分析软件。

4.3.2.3　案例应用

1. 研究背景

以阜新高等专科学校学生多媒体技术专业 2009 级一班和二班的全体同学为研究对象，勾勒出高职学生学业关系和生活关系的社会关系网络的结构，并进行量的分析，以此求证生活关系对学业关系具有潜在影响，从而为完善学生学业与生活关系网络，促进学生发展提供新的思路。

2. 数据分析与结果探讨

对收集到的数据进行社会网络分析，首先要把收集到的数据转换成相应的代数矩阵。将得到的 Excel 数据导入 UCINET 6.0，获得了两个关系网络的代数矩阵，进而对代数矩阵进行社会网络分析（注：用 1 ～ 30 表示不同的学生），研究过程如图 4-5 所示。

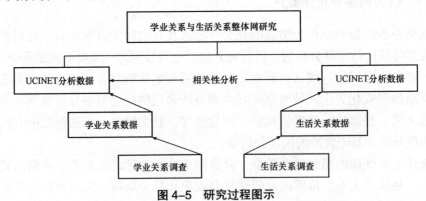

图 4-5　研究过程图示

3. 以学业关系数据统计与分析为例说明分析过程

第一，在 UCINET 6.0 中，通过 NetDraw 命令可将矩阵图转换为相应的社群图。其中二班的社群图如图 4-6、图 4-7 所示。两名学生之间的关系是一条带有方向的箭头。

学业关系社群图说明：由于此班 3 号和 10 号为空学号，因此这两个节点孤立于关系网络以外。从图中可知，5 号、9 号、29 号、11 号、21 号的点出度（自该点引出的连接线的数目）和点入度（以该点为终点的连接线的数目）很大，显然这几名同学处于学业关系网络中比较突出的领导地位。

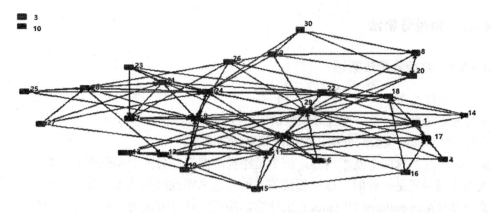

图 4-6　学业关系社群图

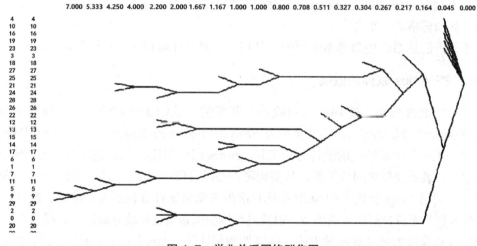

图 4-7　学业关系网络群集图

学业关系网络群集图说明：整个班级的学业关系网络分为 20 个派系，就严格程度上讲，也可以说没有形成主干派系。不同派系之间成员的重叠度非常大，其中 29 号重叠度最大，从属于 14 个派系。

第二，计算网络密度。密度指的是一个图中各个节点之间连接的紧密程度。关系紧密的团体学习交流频繁，讨论学习问题方便，学习气氛浓厚；关系生疏的团体，学习上则沟通少，完成效率差。针对网络密度的分析清楚班内的学习交流实际状态，从而更有利于管理和提高。利用 UCINET 软件沿着 Network ＞ Cohesion ＞ Density 这条路径，可计算出整个班集体学业关系网络的密度。计算结果为一班的网络整体密度是 0.153 8，二班的网络整体密度是 0.128 7。结果表明两个班级的学业交流行为都较为频繁，说明两个班级的学习气氛浓厚。

4．结论

此次研究结果表明学业关系不够紧密，会导致学业关系网络中的同学边缘化的产生，影响了个人乃至整个班级的学业成绩。基于此，可以为学生开展更多的学业交流活动，尽可能使所有成员融入其中，促进学业关系更紧密。

4.3.3 路径分析法

4.3.3.1 路径分析法概述

路径分析法是多个线性回归方程（包括一元和多元线性回归方程）的集合体，是常用的数据挖掘方法之一，是一种找寻频繁访问路径的方法。它通过对 Web 服务器的日志文件中客户访问站点访问次数的分析，挖掘出频繁访问路径。

路径分析法包含两个基本内容：一个是路径的搜索；另一个是距离的计算。路径搜索的算法与连通分析是一致的，通过邻接关系的传递来实现路径搜索。路径的长度（距离）以积聚距离（Accumulated Distance）来计算。距离的计算方法为将栅格路径视作由一系列路径段（Path Segments）组成，在进行路径搜索的同时计算每个路径段的长度并累计起来，表示从起点到当前栅格单元的距离。这里路径段指的是在一定的精度范围内可以以直线段模拟和计算的栅格单元集合。

路径分析法是 GIS 中最基本的功能，其核心是对最佳路径和最短路径的求解。

4.3.3.2 Amos 软件的概况

Amos 是 SPSS 公司（被 IBM 公司收购）开发的一款用于处理结构方程模型的软件。Amos 是矩阵结构分析的缩写，英文全称为 Analysis of Moment Structure。Amos 可以同时分析许多变量，是一个功能强大的统计分析工具。Amos 以可视化、鼠标拖拽的方式来建立模型（路径图），表示变量之间的关系，从头到尾不必撰写程序指令，着实提高了数据分析的效率。同时，利用 Amos 所建立的 SEM 会比标准的多变量统计分析还来得准确。此外，Amos 还可检验数据是否符合所建立的模型，以及进行模型探索（逐步建立最适当的模型）。

结构方程模型的建立有两种方式：探索性和验证性，Amos 采用验证性方式。探索性适用于分析者对于变量之间关系无法做出预估，只能利用数据摸索出变量之间的关系，这种方式工作量巨大，想象一下，如果有 5 个变量，仅考虑两两之间的关系就需要做 10 次尝试。验证性方式工作量更小，更有方向性，分析者只需通过数据验证预估的变量关系是否成立即可。

Amos 采用的就是验证性的结构方程模型分析方式。分析者首先在 Amos 软件中画出预估的测量模型和结构模型；然后将数据纳入拟合出模型结果；最后将拟合模型中变量之间的关系与数据反映出来的实际变量关系对比，看看两者差异到底有多大，差异小于分析者最低接受限（制定的显著性水平），那就认为分析者的假设模型成立，反之则认为模型不成立。

第 5 章

城乡空间社会调查报告

5.1 城乡空间社会调查报告的特点

城乡空间社会调查报告种类多样，不同的调查报告有不同的特点，虽然城乡空间社会调查报告与新闻报道有很多相同之处，但是城乡空间社会调查报告有其独有的特点，其特点总结如下。

5.1.1 指导性

城乡空间社会调查报告选题通常是公众较为关注的热点问题，城乡空间社会调查就是针对这些热点问题进行调查，从调查数据中总结出一般规律或统一观点，提出问题的解决方案，为决策部门提供参考，为解决实际问题做指导，具体过程为发现问题、反映问题、找出典例、收集数据、总结经验、推动决策。

5.1.2 针对性

任何城乡空间社会调查都是针对某一现象或问题而进行的，都有其明确的目的。按目的划分通常分为决策参考和学术研究，所以社会调查报告的读者对象也具有针对性，对于领导、决策机构和部门，城乡空间社会调查报告中对于针对性问题的解决方案和对策是其关注点；对于研究学者，社会调查中的理论知识和最新研究成果是其关注点；对于社会大众，社会调查中涉及自身生活及自身利益的地方是其关注点。所以城乡空间社会调查报告的针对性越强，对所针对的读者对象所起的作用通常就越大。

5.1.3 真实性

真实性既是城乡空间社会调查报告的特点，也是城乡空间社会调查报告必须坚守的特性。失去真实性，再好的调查报告也只是空谈，调查报告必须用事实说话，必须能反映真实情况，在收集资料时尽量采用一手资料为好。只要有充分的事实依据和客观真实的调查资料才能使城乡空间社会调查报告站住脚跟，才能让读者信服，才能达到城乡空间社会调查报告的真正目的。

5.1.4　时效性

城乡空间社会调查通常都是对一些社会热门话题进行调查研究，人们往往急需尽早知道此方面的信息，因此，及时地对这些社会热门话题做调查并得出结论，对于城乡空间社会调查报告至关重要，否则，热度消退，当时热门的话题也变成过时的话题，结果如何已没人关注，这就失去了城乡空间社会调查应有的指导作用和社会价值作用。

5.2　城乡空间社会调查报告的注意事项

5.2.1　主题与材料

主题与材料统一，是撰写城乡空间社会调查报告的基本要求。一个好的调查报告必须有优秀的主题支撑，没有鲜明的主题，研究报告就缺乏统帅，缺乏灵魂，反过来，好的主题也要有好的材料来体现，没有真实有效的材料，调查报告就缺乏血肉，缺少根基。两者是有机统一、相辅相成的，缺一不可。主题与材料要密切联系在一起，防止出现主题过大、主题过难、主题空洞、主题陈旧等问题。主题过大，可能使研究者脱离原来想要研究的城乡空间社会问题或现象，违背研究者的初心，同时由于超出原本收集的材料范围，即使使用大量篇幅也不一定会将主题体现出来；主题过难会加大研究者的工作量，材料无法体现出主题，同时受到知识、精力、时间等限制，调查报告难以完成；主题空洞，主题与材料严重脱离，缺乏对于材料的针对性，会使读者不知所云，产生"文不对题"的感觉；主题陈旧，自己的主题与之前人写的主题雷同，缺乏创新，不能吸引读者的目光。

5.2.2　内容与结构

内容与结构如同汽车的配件和框架一样，一辆好的汽车不仅要有好的配件来体现内部的高档性，还要有好的框架来保证外观的美观性，城乡空间社会调查报告的内容与结构也是这个道理，两者也是相辅相成、有机统一的。为了保证内容产生丰满的感觉，可以应用文字、图、表等多种表达方式，使内容看起来丰富多彩，同时，结构上要防止出现逻辑混乱、不完整、没有衔接性等问题。城乡空间社会调查报告的结构可以根据研究现象或问题的调查起因、调查过程、调查结构三部曲来安排。结构的好坏直接体现出研究者思路是否清晰，逻辑组织能力的强弱，同时，结构的完整性也体现了研究者对调查报告的认真态度和对读者负责的态度。

5.3　城乡空间社会调查报告的构成

城乡空间社会调查报告的构成不是一成不变的，其内容可以根据具体的情况进行修改。虽然名称有所差异，但是社会调查报告的构成基本上大同小异。按照城乡空间社会调查报告撰写的一般顺序将社会调查报告的构成分为标题、简介、引言、主体、结语和附录六个部分。

5.3.1　标题

标题，即城乡空间社会调查报告的题目，利用简短的文字表达出研究的主题以及调查报告的主旨和亮点。标题是总领全篇的统帅，好的标题能够起到传递意境，激发读者阅读兴趣，引起读者阅读全文欲望的作用，有"画龙点睛"之用，因此，有"题好一半文"之说。标题对城乡空间社会调查报告既可以起加分作用也可以起减分作用，因此，要注重标题的推敲选取。优质的调查报告配上精选的标题，无疑是如虎添翼，能使调查报告获得更进一步的成功。标题在概括城乡空间社会调查报告主要内容和主旨的前提下还要有创新力、吸引力和感染力。根据全国高等学校城乡规划学科专业指导委员会历年获奖的城乡社会综合实践调研报告看，标题的写作手法通常有以下四种。

1. 直叙式

根据调查对象和内容直接用调查对象或调查内容做标题，如《关于西安市经开区公共自行车系统社会调研报告》《广州市恩宁路片区被拆迁居民意愿调研》《上海市鞍山新村商业设施调查报告》等。这种形式的标题的最大特点是明确、简洁、客观，直接指明调查内容，有利于读者根据需要判断是否继续阅读，其缺点是千篇一律，过于一般化和呆板，缺乏新意，难以引起读者阅读兴趣。此类形式的标题多用于综合性、专业性较强的调查报告。一般的非专业的报刊很少使用此类标题。

2. 结论式

根据调查报告的结论，用研究者的主观判断或评价做标题，如《明城墙 民城墙》《共享单车，西安可行》等。这类形式的标题在点亮主题的同时，也表明了研究者的观点，具有很强的针对性，有一定的吸引力和影响力。其缺点是比较直白呆板，读者可以一眼知道调查报告的结果但是对调查对象和报告内容一无所知，多用于总结经验、政策研究、支持新生事物等类型的调查报告。

3. 提问式

根据调查报告内容用提问的方式做标题，如《里弄更新谁做主？》《垃圾何处容身？》《流动菜车、留于何处？》等。通过提问的方式设置悬念，有较强吸引力，比较尖锐、鲜明，读者无法直接从标题中得出结果，需要进一步阅读才能得到答案。因此，通常具有良好的引起读者兴趣效果。此类标题多用于揭露问题或探讨问题的调查报告。

4. 双标题

双标题，即两个标题。它又分为两种形式：一种是主标题和副标题，如《"多站同名"

现象对游客影响情况调查——以西安市钟楼站为例》《迷宫——西安钟鼓楼环形地下通道行人方向感影响因素调查研究》《"艺"席之地——西安市钟楼附近街头艺人的表演空间需求状况调查》等。另一种是引题和主标题，如《小门客厅——传统包心制小区中心繁荣的成因调查分析》《老有所乐：上海市四平路街道及苏家屯路老年人公共场所活动调研》等。该类型的标题采用了双标题的形式，虽然比较复杂、冗长，但是它综合了多种标题的优点，既能主观地将研究者对于调查报告的情感表达出来，又能客观地描述调查报告的具体内容，一箭双雕，因而是各种调查报告使用得比较多的一种形式，尤其多用于城乡空间社会调查报告的比赛活动。

5.3.2　简介

简介也是摘要，就是对调查报告的主要内容做简要介绍，使读者对调查报告的基本内容有初步的认识、了解，并通过一定的写作手法引起读者的阅读兴趣。简介的写作顺序通常为先对调查对象的基本内容和主要观点做介绍，然后是对调查对象的研究成果和结论做简要说明。在写简介的时候应当注意避免对调查对象的背景描述过于详细，同时对调查内容和主要问题要重点突出，也要将结论和观点表达出来，最后要注意字数控制，避免过于冗长，否则影响读者阅读体验，为下文的阅读产出阻碍。简介一定要简而精，一定要重视简介的写作，否则很难引起读者兴趣，甚至直接让读者放弃接下来的阅读。其写作方法大体上有以下几种：

（1）摘要式，即将调查报告的主要内容摘录或列举出来。

（2）说明式，即用一段文字说明调查报告的主要内容。

（3）导语式，即用一段与标题紧密相连的简短文字作为调查报告的简介。

另外，还有一种提问式的导语。从目前情况看，简介的撰写方式已越来越多，为了吸引读者的注意和兴趣，各种新颖的简介方式正在不断涌现。

5.3.3　引言

引言又称作前言、导言，是写在调查报告的开头部分，与简介的作用有所相似，但重点不同，引言的内容主要是介绍和说明为何进行社会调查，如何进行社会调查、社会调查的结果或结论等内容。引言是对下面正文的引导，起着总起全文的作用，因此引言的文字都应力求简明、精练，具有吸引力。调查报告引言的写作手法有以下几种。

1. 直述主旨

直述主旨，即在前言中着重说明调查的主要目的和宗旨。如《关于西安市经开区公共自行车系统社会调研报告》的引言是这样写的："本文对西安市经开区未央路的自行车租赁情况进行了系统调研，对照国内外自行车租赁系统发展现状，提出了"绿动"这一概念，对西安自行车租赁系统的发展提出改进方案，进而将绿色出行这一概念更好地落实。"这种写法的主要特点是直接明了，有利于读者准确地把握调查报告的主要宗旨和基本精神，是一种最常见的写作方法。

2. 设置悬念

设置悬念，即在前言中只提出问题，而不做正面回答。通常先对某种社会现象和问题进行描述，然后对这种社会现象或问题反问其产生的原因、造成的影响及解决方式。如《"艺"席之地——西安市钟楼附近街头艺人的表演空间需求状况调查》这篇调查报告，针对对待街头艺人的态度，提出了一系列问题："对待街头艺人应该严堵还是为其正名？是放任不管还是立下规矩？是让街头文化止步于此还是让其成为城市独特的文化符号？"这种连续提问、设置悬念的写法，能激发读者思考和阅读兴趣，吸引读者对提出问题的追寻，增强了社会调查报告的吸引力，常用于总结经验和揭露问题的调查报告。

3．总结结论

提前对调查报告的结论进行介绍，使读者提前了解结果，然后在正文对调查报告结论的由来做进一步论证和更详细的说明，对于只需要了解结果的读者十分省时省力。如《街道高校就医地图——基于信息可视化的街道健康网络优化》的前言中写道："利用信息可视化的平台构建基层医疗卫生网络地图，打通各级医疗机构信息传达壁垒，进一步达到优化医疗卫生资源配置，引导居民高效就医的目的。"这种写法，开门见山，直奔主题，有利于读者对调查报告的观点一目了然，也可以将调查中繁衍出来的其他结论表现出来，使内容更加丰富。

4．情况交代

情况交代即在前言中着重说明调查工作的具体情况。如《"贩"泛落脚——流动商业与地铁口空间交互调查报告》，其前言包括以下一些内容：第一，调查地点，西安地铁二号线中具有典型代表的地铁口；第二，调查过程，蹲点、发问卷、访谈；第三，调查数据，不同时间、不同类型地铁口商贩们的数量和分布特征。这种写法，有利于读者了解调查工作的具体情况，便于读者对调查结论做出自己的判断。

5.3.4　主体

主体，是城乡空间社会调查报告的核心部分，所占篇幅最大、内容最多、最能反映社会调查过程的真实情况，也是研究者最想展示给读者的部分。城乡空间社会调查报告的主体是对调查过程中收集到的资料进行分析整理，并从中找到新的发现，通过研究者的视角对新发现的内容做出分析和评价，引导读者关注点，激发读者兴趣、给读者以启迪。调查报告的主体的前半部分一般是对调查资料的描述和分析，以揭示某一现象或问题，后半部分则是对该现象或问题的解释和阐述，使读者了解本次调查的意义。在进行城乡空间社会调查报告主体的撰写时应将资料的来源、分析、结果三者围绕研究目的有机地统一起来。

调查报告的主体应有以下几点内容：

（1）研究有关问题的社会背景和主要目的；

（2）调查对象的选择及其基本情况；

（3）调查的主要方法和过程；

（4）调查获得的主要资料和数据；

（5）研究的主要方法、过程和结论；

（6）对调查研究过程及其结果的评价。

如果是学术性调查报告，还应该包括：

（1）研究有关问题的学术背景；

（2）对有关问题已有研究成果的简介和评析；

（3）自己的研究假设和研究方案；

（4）主要概念、主要指标的内涵和外延及其操作定义；

（5）调查数据统计分析的结果；

（6）调查结果的学术性推论和评价；

（7）本调查研究的主要缺点或局限性；

（8）本调查尚未解决的问题或新发现的问题。

调查报告的主体的写作方式有以下几种：

1．纵式结构

纵式结构是按照事物发展的时间顺序和逻辑结构来描述事实，反映某一事物不同时期的变化和差别，容易使读者了解事物发展的全过程。这种写作方式较为简单，只需将所收集的材料按时间顺序排列下来即可，不过当材料过多时应当注意对材料的取舍，不然内容过多会显得内容冗长。

2．横式结构

横式结构是按照事物的不同性质和特征将事物分为几个部分分开讨论，对事物的不同侧面进行比较和分析以突出某一问题，多用于某一研究对象的讨论说明，阐述其性质和特点。

3．纵横交错结构

纵横交错结构可以以横为主，也可以以纵为主，两种结构结合可以最大程度上反映出复杂的内容，有利于按照历史的脉络了解事物的来龙去脉，又有利于按照事物的性质和特征对事物进行深入讨论。在这种结构下可以提出问题、分析问题、解决问题，并分别回答是什么、为什么、怎么做，达到条理清晰，层层递进，浅入深出。

5.3.5 结语

结语，是城乡空间社会调查报告的结尾部分，是对整篇调查报告的汇总总结。结语不是对之前内容的重复叙述，而是要回顾调查报告的主要成果，突出整篇调查报告主要成果的价值所在，并再一次强调其重要性。针对本次调查报告的盲点和不足之处，研究者可以在结语中表达出来，并对相应的问题指出解决方法或政策意见，指出未来的研究方向，以引起社会的重视，并作为以后研究的参考对象。从形式上看有三种不同处置方法：一是没有结语；二是简短的结语；三是较长的结语。从内容上看，结语有以下几种写法：

1．概括全文，强调主题

根据城乡空间社会调查报告的整体情况概括出主要观点，突出主题，增强调查报告的感染性和说服力。

2．总结成果，形成结论

根据城乡空间社会调查报告的实际情况，总结出调查过程中的实际经验和结论。

3．总结问题，提出对策

根据城乡空间社会调查进行过程中的问题进行总结，说明问题的严重性、危害性，以便引起有关方面的重视，有的还提出对策性的具体意见。

4. 预测趋势，展望未来

根据城乡空间社会调查报告的结果，以及对以往数据的分析，由小到大，由表及里，对未来做出预测分析。

调查报告的结束语，应根据写作目的、内容的需要采取灵活多样的写法，要简明扼要，意尽即止，切不可画蛇添足，弄巧成拙。

5.3.6　附录

附录，即城乡空间社会调查报告的附加部分，是对正文的补充，主要是调查报告正文包括不了，或者没有说到而又需要说明的情况和问题。附录有利于侧面体现出调查报告数据的真实性、准确性和严谨性。附录一般包括以下一些内容：

（1）引用资料的出处：调查问卷或量表。

（2）调查指标的解释或说明：计算公式和统计用表。

（3）调查的主要数据：参考文献。

（4）典型案例：名词注释、人名和专业术语对照表。

附录不是城乡空间社会调查报告不可缺少的部分，只有大型调查报告才需要附录。附录的内容不应随意扩张，只有那些与城乡空间社会调查报告密切相关，而又无法为调查报告所包含的内容才应列入附录。附录多用于学术性社会调查报告，有其规范化格式，对于一般社会调查报告，其格式可以参考主流学术类期刊论文的格式。

5.4　城乡空间社会调查报告的撰写

在将城乡空间社会调查报告的结构确立下来以后，报告确立了一个大体的框架，接下来要做的就是将收集的数据和资料利用起来，将框架中的内容变得丰满，进行调查报告的撰写。城乡空间社会调查报告的写作顺序一般为草拟、修改、排版、定稿四个阶段。下面就围绕这四个阶段进行说明和介绍。

5.4.1　草拟

草拟在进行城乡空间社会调查报告的撰写过程中起着辅助的作用，有利于在撰写调查报告时思路保持一致，上文已经将内容和框架确立下来了，这时通过草拟可以对之前的资料进行整理，有利于接下来的撰写。

草拟一般通过以下几点来完成：

1. 确立和提炼主题

主题的确立至关重要，是整个城乡空间社会调查报告要表达的中心思想的集中表现，是分析客观事实揭示事物的本质的过程，也是研究者主观和客观的密切结合，一个好的主题能够引起读者的关注和社会的反响。当调查选题与调查主题契合时，城乡空间社会调查报告的主题可以根据调查选题确立调查报告的主题；当调查选题比较模糊时，也可以根据内容与资料确立调查报告的主题。主题的提炼要符合事物的本质和规律，与对应的观点和材料对称，做到精而细，避免大而空。同时，要有所突破和创新，争取与以往有所不同，能从中跳出来。

2．选择有用材料

城乡空间社会调查报告的材料也有优劣之分，应当按照自身需求挑选出需要的材料，按照去粗存精、由此及彼、由表及里的方法认真研究调查资料，使内容得到优化。在选择材料时应当优先考虑一手资料，即调查小组亲自收集的信息，如社会调查问卷、拍摄照片等；对于二手资料，如收集的各种档案资料、统计报表等，应当注意查明来源，确认信息的可信度，仔细筛选。对于一些典型材料和案例，对比性强烈，具有概括力、表现力强的材料也应该优先考虑。

3．撰写调查报告初稿

将以上内容完成后就可以开始调查报告的撰写，这时的大体思路、框架和内容都基本确立下来，调查报告的雏形已经形成，下一步就是将这些内容流畅地写出来。因为是草拟，所以只需将内容写下来，不需要过于推敲而浪费过多时间，只需行文流畅，格式统一，将全文的雏形表现出来。虽然草拟随意性较强，但是也应当注重段落的构思，尽量使用统一、完整的规范段落，逻辑通顺，思路清晰。语言表达上做到简洁、准确、朴实、生动，以最简单的方式将草拟内容表达出来，做到粗中有细，言简意赅。

5.4.2　修改

城乡空间社会调查报告的形成如同雕像的形成，不是一气呵成的，而是不断地修改调整才形成的，"理想很丰满，现实很骨感"这一句话也完全适用于调查报告的撰写。研究者的思路往往在实施中会有所偏差甚至方向完全走偏，这时修改就起着至关重要的作用了，调查报告的修改贯穿始终，修改可以提升研究者的构思和逻辑能力。对社会调查报告的修改可以在全部内容写完时进行修改也可以在写完一段时间之后进行修改，通常建议选择后者，因为研究者在写完一部分内容后通常思路还停留在刚刚的阶段，对于一些错误无法一眼看破，同时十分疲惫，没有足够的精力去检查报告的错误，应当休息一段时间后再进行修改，进行思维和身体的冷却后修改效率会大大提升。修改之前应该将全文诵读一遍，通过诵读，研究者可以发现字词错误、语句不通、衔接不紧、情感不符等表达方面的问题。在对以上的问题修改完成以后，研究者可以进行思路的修改，使调查报告的整体结构更加通顺和完整。当研究者把所有内容都修改完成以后可以将调查报告发给他人，并请他人帮忙修改。请他人帮忙修改是一个非常好的方法，所谓旁观者清，一叶障目不见森林，一语惊破梦中人正是这个道理。调查报告的修改可从多方面进行，首先要检查主题是否表现出来，概念和观点是否表达到位，对不准确、不明确的内容进行修补或删减，对不符合主题的材料要会忍痛割爱，同时要对调查报告的细节之处做检查修改，如标点符号、错别字等。

5.4.3　排版

仅以内容修改为主是远远不够的，还需要进行排版的优化处理。在初稿的撰写过程中已经形成了一个初步的排版，这个排版还过于粗略，逻辑性不强，因此需要重新审视排版，进行修改。好的调查报告版面，设计合理，适合读者视觉心理，编排符合美学原理和均衡心理，能给读者以美的享受，使人赏心悦目，反之，版面设计比例失调，则读者视觉不适，影响阅读与传播效果。排版时需要注意以下四点。

（1）满足读者的视觉心理与阅读习惯。在看同一版面时，人们的阅读习惯一般是，首先阅读上左部分，然后上右部分，再接着阅读下左和下右部分。

（2）合理的版式种类与图文组织。目前比较流行、新颖的编版方式是图片、表格和文字分栏式，或者文字在左、图片在右，或者图片在左、文字在右。文字宽度和图片大小可以根据报告字数、图片数量及版面需要等进行灵活处理和适当调整。

（3）注重版面均衡与心理平衡。一般来讲，大标题重于小标题、黑体字重于宋体字和楷体字等、大号字重于小号字、图片重于文字、彩色重于黑色、加线框的重于没有线框的。

（4）要有版面和谐与审美意识。版面的和谐统一，首先是报告内容与形式的和谐统一，其次是图片、表格等内容与文字内容的和谐统一，相应的图片、表格和报告文字应一一对应，便于读者阅读和思考。为了保证版面构图上的和谐统一，标题与文字要参差有序，标题与标题不要碰在一起，要避免版面的割裂感觉和混乱感觉。

5.4.4　定稿

定稿是对整个城乡空间社会调查报告的最后调整和检查，应做到以下几点：

（1）注重调查报告的格式。整体框架是否完整，字体格式是否正确，是否符合规范要求等。

（2）注重细节处理。要对粘贴的文字做处理，有些研究者容易对这部分大意，忽略了这部分内容的修改。

（3）注重整体流畅性。有时在修改完成后往往不去通读一遍，这样就难以察觉到调查报告是否通读流畅、是否产生内容独立而没有衔接感。同时，注意标题问题，如标题偏差大、晦涩难懂、过时、空洞等；结构问题，如逻辑性差、结构不完整、结构松散、论证不足等；材料问题，如引证不足、脱离主题、缺乏代表性、创新性等。

下篇
城乡空间社会调查的实践探索

案例 1

关于西安市经开区公共自行车系统
社会调研报告

摘 要

本报告以西安市经开区未央路沿线自行车租赁点位调查为对象，从自行车租赁点租借及其使用存在的问题入手，首先对自行车租赁系统进行综合性评价，然后对自行车租赁点周边的用地性质、人流量与使用效率以及与公交站牌距离的关系进行深入分析，探讨用地性质与租赁点配车规模及使用人群的潜在联系，提出自行车租赁系统的改进方向及合理布置租赁点的建议，旨在完善西安市公共自行车系统。

关键字

公共自行车系统（PBS），用地性质，规模等级化，综合性评价

导 言

公共自行车系统（Public Bicycle System，PBS），又称自行车共享系统（Bicycle Share System）是在城市中设立的公共自行车使用网络，大多由政府发起，是公司或组织在大型居住区、商业中心、交通枢纽、旅游景点等客流集聚地设置公共自行车租车站，随时为不同人群提供适于骑行的公共自行车，并根据使用时长征收一定费用，以该服务系统和与其配套的城市自行车路网为载体，提供公共自行车出行服务的城市交通系统。

1.1 调研的背景意义和目的

在可持续发展的背景下，改善生态环境、促进资源能源节约和综合利用成了全世界关注的核心问题。倡导绿色交通的"公共自行车系统"也因此成为近年来热门的话题。目前，一些发达国家已建成了呈网络化分布的公共自行车系统，其中最成功的案例是巴黎。

中国是自行车大国（图1），但改革开放以来自行车使用者不断减少，私人小汽车数量不断增加，导致了城市交通拥堵和环境污染加剧等问题（图2）。2006年以来，中国许多大城市开始借鉴国外经验建设公共自行车交通系统，如武汉、北京和深圳等，还有许多城市处于筹备建设的状态，蓄势建设绿色交通。西安也紧跟低碳减排的号召，在2012年公共自行车正式投入使用。

图1　自行车大国　　　　　　　　　　　图2　交通拥堵大国

西安公共自行车服务系统是西安市公共交通体系的重要组成部分。城市公共自行车系统建成后，根据不同客运交通出行方式的不同（图3），将会实现各站点与地铁、公交车、出租车共同构建起西安市"四位一体"的"大公交体系"，使轨道交通、公交无缝对接，有效解决"最后一公里"的出行问题，为市民提供绿色健康的出行方式。

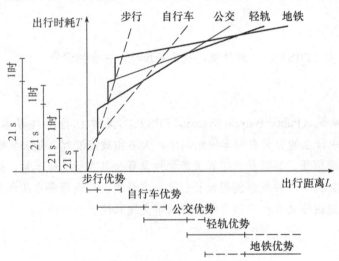

图3　各种客运交通方式出行范围优势

本文对西安市经开区未央路的自行车租赁情况进行了系统调研，对照国内外自行车租赁系统发展现状（表1），提出了"绿动"这一概念，对西安自行车租赁系统的发展提出改进方案，进而将绿色出行这一概念更好地落实。

表1   国内外自行车租赁系统发展现状

城市	阿姆斯特丹	巴黎	巴塞罗那	北京	上海	杭州
推广目的	自行车是一种态度	缓解交通拥堵、环境污染	交通接驳、短距离使用	迎奥运缓解交通拥堵及污染问题	轨道交通的接驳、校园区使用	解决"最后一公里"问题、景区使用
运营模式	政府主导、企业运营的合作模式	政府主导、企业运营的合作模式（德高公司）	政府主导、企业运营的合作模式（清晰频道传媒公司）	政府主导、企业运营的合作模式（贝科蓝图、龙骑天际公司）	政府主导、企业运营的合作模式（永久、龙骑天际公司）	政府主导、企业运营的合作模式（杭州市公共交通公司）
租赁形式	注册个人信息、免费使用	注册会员、缴纳会员费和押金	注册会员、缴纳会员费和押金	押金400元、1小时内1元	押金200元，1小时内免费，1小时后按每小时增加1元	
技术平台	网络技术、无线通信技术、智能芯片技术、各功能模块、控制中心、租赁网点、服务终端都能联网、谷歌地图			没有设置服务终端，不具备查阅其他租赁点信息和谷歌地图功能，一车一桩的形式。		

1.2   调研的相关概念定义

1.2.1   人流吸引点

人流吸引点，即在自行车站点服务半径范围内，地块内主导用地性质的主要地点或区域，如标志性建筑物或市民广场、商业街等。

1.2.2   自行车租赁点规模

自行车租赁点规模，即在自行车租赁点，拥有的物质要素即自行车及服务终端等的数量（图4）。

图4   自行车租赁点

1.2.3 自行车租赁点服务范围

自行车租赁点服务范围，即自行车租赁点所服务的需求点的地理覆盖范围，其覆盖范围越大，说明租赁点的服务能力越强，其服务半径越大。

1.3 调研范围的确定

1.3.1 西安自行车租赁点的分布

截至 2013 年 12 月 24 日，西安市已在未央区、经开区、曲江新区、雁塔区建设完成 375 个公共自行车服务点，投入运营公共自行车 8 000 辆。至 2014 年，在西安城区范围内进行全面建设，投建 800 个服务点，20 000 辆公共自行车。公共自行车将覆盖地铁 1、2 号线的所有站点，每个站点将有两个自行车网点。公共自行车服务网点将最终建成服务点 2 000 个、公共自行车 50 000 辆，基本覆盖主城区及各个开发区核心区域（图 5）。

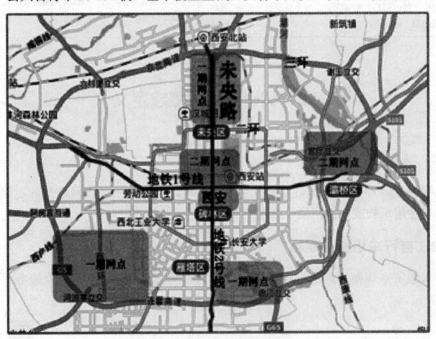

图 5 公共自行车在西安的分布

1.3.2 经开区未央路的地位优势

经开区是西安最早开始公共自行车试点的地区之一，此地的群众对此反应良好，拥有群众基础。而未央路是经开区的中心主轴线，对此地的分析可以充分反映西安 PBS 系统的运营状况。未央路位于西安的中心主轴（图 6）上，是西安城市向北发展的主动脉，对此地的研究可以反映西安 PBS 的发展方向。

图6　未央路与市中心的关系

1.3.3　调研站点的确定

未央路是经开区的中心路，拥有数量众多的自行车租赁点，并且因周围用地性质的复杂，拥有各不相同的使用人群，人群的使用特点也各不相同。所以为深入探讨自行车租赁点的特性，根据租赁点所承担的功能，公共自行车租赁点可划分为公交点、公建点、居住点、游憩点和校园点五种类型（表2）。我们选择了四个具有不同特点的自行车租赁点（图7）进行说明。

表2　公共自行车租赁点类型划分

公交点	于轨道交通车站及主要公交车站附近布设，旨在解决公交车站末端"最后一公里"交通问题
公建点	于人流集中的公共服务设施布设，旨在解决居民短距离出行问题，如大型商场、大型超市、银行、医院、菜市场、重要的企事业单位、文体设施等
居住点	于主要社区和居住小区布设，重点解决社区附近的上班上学、生活购物、休闲娱乐等出行
游憩点	于旅游景点、公园、游乐场等处布设，旨在方便居民游玩、休憩
校园点	于大中专院校、中学附近布设，解决学生上下学和短距离出行问题

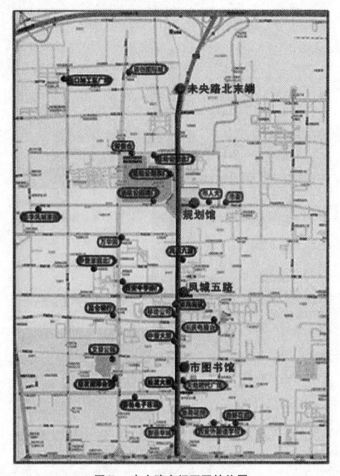

图7　未央路在经开区的位置

1. 市图书馆

本站为未央路上的大站，是此次调研的第一个站点，也是具有典型性特点的一处公共自行车租赁点。此处商业云集，商务中心众多，每日人流量大（图8）。

图8　市图书馆

2．凤城五路

此站位于商业区附近，周围住区众多，兼有小学，人流量大，属于校园点。

3．规划馆

此站位于行政中心附近，周围多为政府行政办公用地，还有城市运动公园，用地性质特殊，每日人流量较多，且人流具有自己特点（图 9），属于游憩点。

图 9　规划馆

4．未央路北末端

此站位于未央路的北末端，以居住为主，每日人流量少，属于居住点（图 10）。

图 10　中午 12 点的未央路北末端

调研站点现状概况见表 3。

表3 调研站点现状概况

市图书馆	位于商业中心，周边有大型商业楼或商业综合体等建筑，将其定义为公建点
凤城五路	邻近陕西省西安中学，将其定义为校园点
规划馆	该点位于西安市城市运动公园东侧，将其定义为游憩点
未央路北末端	位于城中村与城区交界，存在大量公交车不易到达的居民点，属于居住点

1.4 调研的方法和思路

1.4.1 调研的方法

本次调研主要采用文献查阅、问卷调查、访问调查及实地观察四种方法。

调查前期：以文献查阅为主，搜集绿色出行、缓堵保畅相关论文和政策信息研究，了解各地的公共自行车系统。对所选择的调查地区进行实地考察，对调研范围及其周边情况进行初步认识。

第一轮调查：采用访问调查和调查问卷的方式。在访问调查的过程中，探讨了西安公共自行车租赁系统的相关问题，在访谈中确定研究思路，得出调查的基本流程。设计了"随机抽样"和"针对已使用公共自行车人群"两类调查问卷，分别发放80份和40份问卷，共计120份问卷。

第二轮调查：采用实地观察法，在工作日，选择了四种类型用地中的公共自行车租赁点进行调查，调查分四个时间段，即早高峰（8:00-9:00）、工作时间（10:00-11:00）、午高峰（13:00-14:00）和晚高峰（17:00-18:30），记录了各点四个时间段的公共自行车借出和归还数据。

1.4.2 调研的思路

城市自行车系统社会调研步骤及内容，如图11所示。

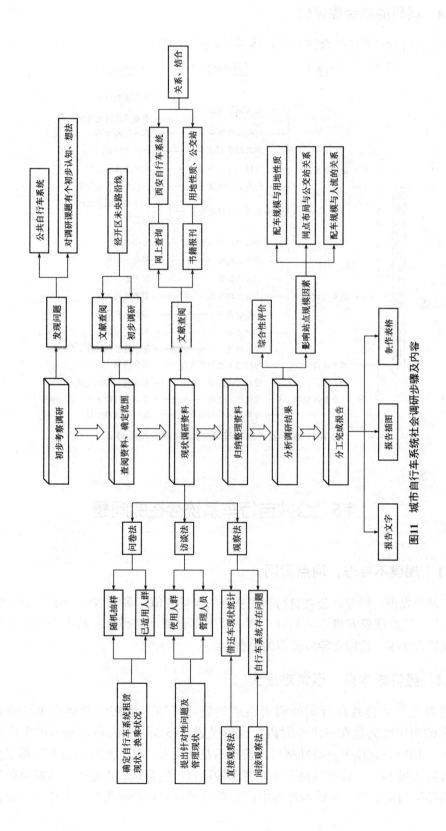

图11 城市自行车系统社会调研步骤及内容

1.4.3 调研的综合性评价

城市公共自行车系统综合评价指标体系，如图 12 所示。

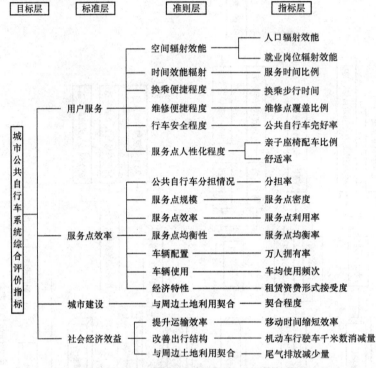

图 12　城市公共自行车系统综合评价指标体系

1.5　公共自行车系统存在的问题

1.5.1　规模不合理，网点雷同

通过调研发现，经开区公共自行车租赁点的规模类似，多为 20 个车位，仅少数可达到 25～30 个。站点规模安排不成系统，距离范围不合理，使得有的站点出现供不应求，而有的站点供大于求。这样会导致资源的浪费。

1.5.2　经济成本高，运营难度大

通过对经开区公共自行车的调研结果的统计可知，从 PBS 投运以来，85% 以上公共自行车的租用时间是在一个小时内，也就是说，85% 以上的租车是不产生任何费用的（图 13）。该项目定位于公益性项目，希望不花纳税人的钱。此计费方式取得了大多数使用者的认可（图 14）。虽然这是一个非营利的项目，但营运收入偏少，也的确限制了公共自行车的持续稳定发展。在访谈过程中，运营公司也表示希望找到一个稳定的收益点，才

能促动为市民提供更好的服务。

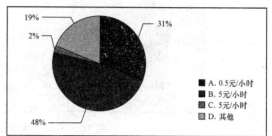

图13　已使用者希望的收费数　　　　　图14　西安公共自行车收费情况

1.5.3　租车量增加，管理难度大

PBS 推出后，越来越受到市民的欢迎，使用者队伍也不断扩大，但相应的，借还车难、维修难、营业时间过短等投诉也开始不断增加（图15）。很多市民有过这样的经历：骑公共自行车到目的地，却找不到还车点，或者是服务点的车都已经满了，只能继续向前骑，或者回头去找别的服务点，原来想要方便，结果因为还不了车，反而带来了不便。同时，车辆的调度也存在着较大问题、租还车服务点选址存在分布不均问题（图16）、租还车存在"潮汐"现象、车辆维护人员严重不足这是 PBS 的四大顽疾，存在"还车难""布点难""维修难""营运难""处置难"五大难题。

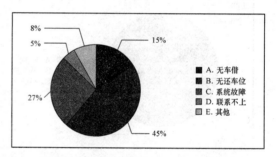

图15　随机调查中使用者遇到的问题

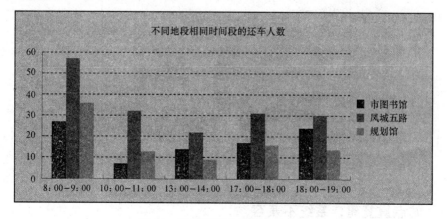

图16　不同租赁点借还车的人数

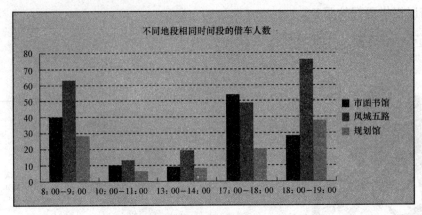

图 16　不同租赁点借还车的人数（续）

1.5.4　宣传力不够，了解途径少

在调查过程中发现，公共自行车的宣传少，想要尝试使用公共自行车系统的市民不在少数（图 17），但有接近一半的市民不清楚其中的流程（图 18），绝大多数使用的人都是因为看到有租赁点才知道有公共自行车租赁系统的（图 19），这严重阻碍了公共自行车系统的发展。

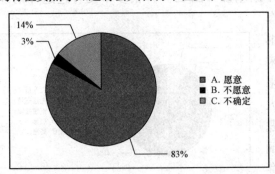

图 17　随机调查中市民是否愿意接受公共自行车

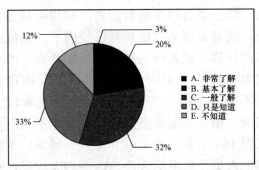

图 18　随机调查中市民对自行车系统的了解程度

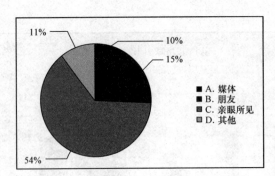

图 19　随机调查中市民了解自行车的途径

1.5.5　站点重复建，系统不兼容

在调研的经开区自行车运营系统中，至少有三家公司在建设公共自行车项目，但智能

系统互不兼容，为今后大面积实行通借通还埋下了隐患。

1.5.6　安全质量差，影响后发展

通过调查发现，经开区范围内公共自行车由于使用频次过高，使用者素质参差不齐，对自行车设备质量要求较高，家用的普通自行车绝不能当成城市公共自行车使用，必须要有专门的公共自行车。但眼下一些普通的家用型自行车进入城市公共自行车项目，既增加了政府的后续投入成本，又难以确保骑行者的安全，而且自行车租赁点部分是露天的，日晒雨淋会加速自行车的损坏。

1.6　小结

总的来说，西安市经开区公共自行车系统发展较好，为市民提供了较多的便利，也为改善西安环境，提倡绿色出行、低碳生活开辟了新途径。

但同时，通过调研我们也要正确认识到经开区公共自行车系统存在着许多问题，当然这与西安市的公共自行车系统发展的年限较短有关。当然，不容忽视的是站点的规模大小大多相同，站点附近用地性质和与公交站点的关系造成人流的不同使各站点的使用状况远不相同，造成资源的"短缺不足"与"严重浪费"并存。此外，公共自行车的管理系统，运营方式等急需整合和提升。

1.7　租赁点规模的探讨与分析

公共自行车租赁点的布局要根据出行需求和空间距离，使一定区域内使用者总的步行时间最少。在点位布局时要遵循不同用地性质、租赁点与公交站点的距离、取车难易程度等原则（图20）。

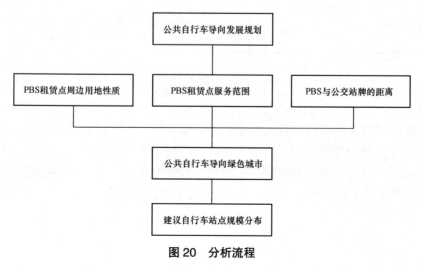

图20　分析流程

1.7.1 不同用地性质对租赁点规模的影响

大部分的站点大小统一，车位数相同，基本上有 20 辆配置，这造成了一定的资源浪费，出现有的站点利用率不高，而有的站点租车、还车紧张的现象。设置中应根据用地性质的不同，进行合理配置。

1．站点用地性质分析

（1）市图书馆站点（图 21）。

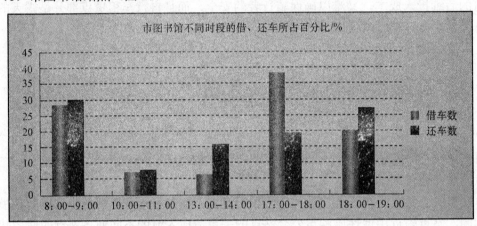

图 21　市图书馆不同时段的借、还车所占百分比

①基本情况：该站点地处图书馆南侧靠近凤城二路拐角处，周边主要有经发大厦、新世纪大厦等沿街商业用地，刚佳小区、碧海小区等大型二类居住用地，属于商业与居住结合类用地。

②人流分析：在此站点使用者多为短距离出行，主要用来通勤、购物。

租赁点基本情况见表 4。

表 4　租赁点基本情况

租赁点	车辆数／辆	管理人员数／个	租赁点基本情况介绍
租赁点 1	25	1	自行车使用量最大，车辆流动最快，从总公司调动车辆三批，共 60 辆，需求量最大
租赁点 2	25	0	自行车使用量最小，车辆流动最慢
租赁点 3	25	1	自行车使用量较大，车辆流动较快，需求量较大

③与用地性质的关系：位于公交换乘站点、地铁出入口附近的商业项目具有外部交通易达性，能获得大量、持续人流；周边天地时代广场、图书馆前广场可作为停车场或顾客暂时休息的场所，也可为消费者提供一个游玩及观赏夜景的平台，能够起到良好的聚客作用；居住小区带来大量的人流和车流，特征为周内使用多为通勤，周末主要为购物，潮汐现象明显（图 22）。

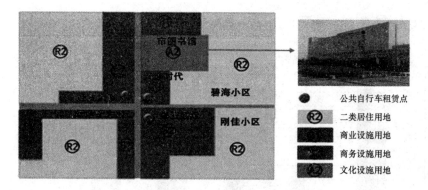

图 22　西安市图书馆周边用地性质分析

（2）规划馆站点（图 23）。

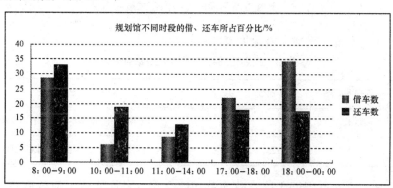

图 23　规划馆不同时段的借、还车所占百分比

①基本情况：该站点是地铁 2 号线的中间站，位于凤城八路张家堡广场的南端环形广场内。周围主要有行政办公用地，西北角为西北地区唯一绿色、开放、自由的运动型主题公园用地。

②人流分析：在此站点使用者多为短距离出行，主要用来通勤。

③与用地性质的关系：位于公交换乘站点、地铁出入口，能获得大量、持续人流；周边凤城八路张家堡广场可作为停车场或游人暂时休息的场所，能够起到良好的聚客作用；城市公园满足城市居民的休闲需要，提供休息、游览、锻炼、交往，以及举办各种集体文化活动的场所，带来大量的人流和车流；行政办公用地主要吸引工作人员。自行车使用量会出现在早高峰和晚高峰（图 24）。

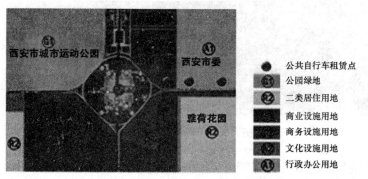

图 24　规划馆周边用地性质分析

（3）凤城五路站点（图25）。

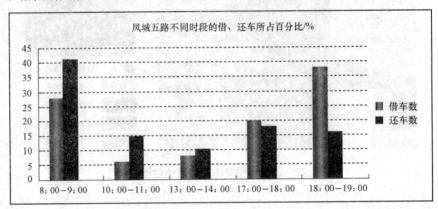

图25 凤城五路不同时段的借还车所占百分比

规划馆站点、凤城五路站点概况见表5。

表5 规划馆站点、凤城五路站点概况

站点	管理人员数	车辆数	概况
规划馆站点	1	75	使用量较少，车辆基本够用，有闲置情况
凤城五路站点	1	25	使用量较大，出现供不应求的局面

①基本情况：该站点周围主要有陕西移动综合楼、长庆实业大厦等商务办公用地以及赛高街区、大型酒店等商业用地。

②人流分析：在此站点使用者多为短距离出行，主要用来通勤、购物。

③与用地性质的关系：位于公交换乘站点、地铁出入口，能获得大量、持续人流；商务办公用地吸引人流主要为通勤，呈现潮汐现象；大型商业用地能获得大量、持续人流（图26）

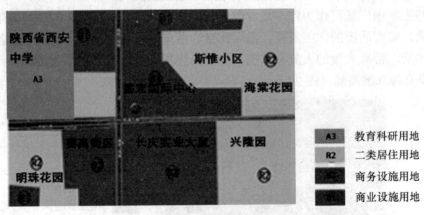

图26 凤城五路周边用地性质分析

（4）未央路北末端站点（图27）。

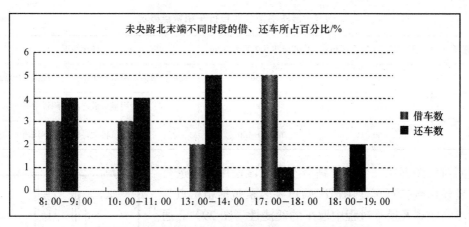

图 27　未央路北末端不同时段的借、还车所占百分比

①基本情况：该站点的周边有陕西省高速路政二支队，以及城市建设用地。

②人流分析：在此站点使用者多为短距离出行，主要用来通勤。

③与用地性质的关系：位于末端，偏远地区，周边小区规模小，无大型公建（图 28）。

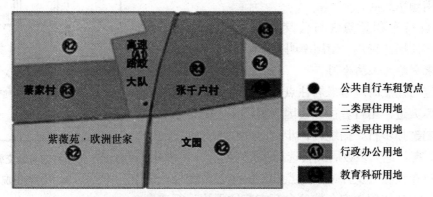

图 28　未央路末端借、还车与其周边用地性质的关系

车辆及管理人员数量见表 6。

表 6　车辆及管理人员数量

车辆数	25
管理人员数	0
概况	主要使用者为下班回家的工薪族

1.7.2　与公交站点的距离及取车便捷性对租赁点规模的影响

1．以市图书馆站点为例

市图书馆公共自行车租赁点概况见表 7。

表 7 市图书馆公共自行车租赁点概况

自行车租赁点	与公交站点 1 的距离 /m	与公交站点 2 的距离 /m	使用情况
1	20	60+500	使用量最大，需求大于供应，出现供不应求的情况
2	60	500	使用量最低，出现闲置情况
3	60	60+60+500	使用量较大，供求基本均衡

我们对市图书馆三个租赁站点不同时段使用频率进行比较，发现影响自行车使用情况的重要因素包括租赁点与公交站点的距离及换乘过程中取车的便捷性（图 29）。通过比较发现：

公共自行车租赁点 1 与公交站点 1 处相距 20 m，由公交车转乘自行车时取车便捷，使用频率最高。

公共自行车租赁点 2 与公交站点 2 处相距 500 m，与公交站点 1 相隔一条不便通行的未央路 60 m，取车便捷性最差，使用频率最低。

公共自行车租赁点 3 与公交站点 1 相隔凤城二路 60 m，取车便捷性较差，使用率明显下降。

2. 以未央路北末端为例

在确定居住点时应考虑居住点与公交点和公建点的距离，若距离太近，出行者往往会因为租还车、骑行条件等因素的限制选择步行。据统计，步行时间在 5 分钟之内，约 300 m 距离，绝大多数居民会选择步行（图 30）。因此，可将居民点布设在公交点或公建点 300 m 半径范围外，提高公共自行车的使用效率。按照自行车交通平均运行速度

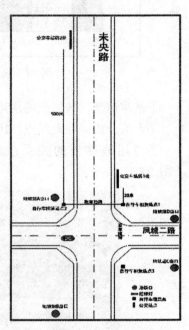

图 29 市图书馆与公交站点不同距离下租赁情况

12 km/h、出行时耗 30 分钟计算，合理出行范围为 6 km 以内，主导出行范围为 0 ～ 4 km。

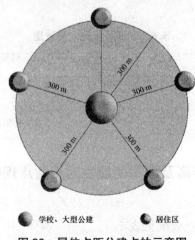

● 学校、大型公建 ● 居住区

图 30 居住点距公建点的示意图

1.7.3 人的步行距离与城市商业中心周边租赁点分布密度的关系

通过对市图书馆、规划馆等站点的分析，发现人愿意行走的距离是 15 km 以内，按照人的步行尺度为 0.5 m/ 步，人的步行速度为 1.5 m/s（图 31），租赁点距离商业区边缘界线最好控制在 1 400 m 以内，超过这个范围使用频率将下降（图 32）。

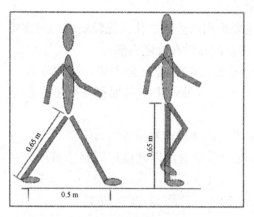

图 31 人体步行尺度

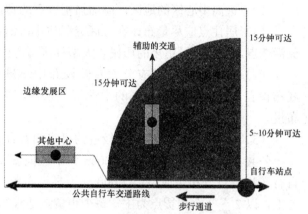

图 32 城市商业中心周边租赁点密度

1.8 总结与建议

1.8.1 根据用地性质建议配车数量

分析现有 PBS 服务点，根据服务点周边人流特点，建议将服务点分成大小两类，并分别修建不同数量的锁车柱，配备不同的车辆数。大型服务点交通位置和功能重要，人流量大，潜在用户多，周转率高，现有的配车规模 20 辆远远不够，根据大型服务点每天高峰时段调来车辆数建议配车规模为 30 ～ 60 辆，如上文提及的换乘点类、公建点类、商务办公类附近宜建大型服务点；小型服务点按需设置，因地制宜，配车规模以 10 ～ 30 辆为宜，规模较小或比较偏远的小区、景点周边可以考虑修建小型服务点。

1.8.2 根据租赁点与公交站点距离建议布点位置

布点原则如下：

（1）按需设置，因地制宜；大小结合，灵活多样。

（2）将租赁点布置于距离公交站点 20 m 以内。

（3）设置合理化，提高取车便捷性，避免穿过马路取车。

1.8.3 根据人能接受的步行时间建议布点半径

我们通过分析得出结论：

（1）居住社区或居民小区 300 m 范围内，考虑居民的短距离出行如买菜、购物等，可根据需求酌情布设公建点。

（2）远离中心区的地区，应加强租赁点的布设。

（3）居住点应尽量布设在社区或居住小区的主要进出口处，居住区比较集中的地方要灵活选点，尽量照顾更多的居民。大型社区可考虑将点位布设在社区内部。

（4）校园点的布设应分大专院校和中学进行考虑，前者应结合主要出入口布设，或布设在校园内。这一地区的中学可不布设，中心城区以外的中学可根据实际需求酌情布设。

（5）公交点和公建点相距较近的可将两者合并考虑，规模适当增加。

公共自行车租赁点应以 1 000 m 为半径向城市商业区辐射，以此推广到整个城市公共自行车租赁点分布也应该以 1 000 m 为半径布置一个租赁点组团，该组团最好在城市主干道上，以 2 ～ 3 个租赁点为主，每个租赁点适宜布置 20 ～ 40 辆自行车（图 33）。

图 33　书报亭与租赁点的结合

附录1 关于西安市经开区自行车租赁情况的调查访谈

1．对管理人员的访谈

问：阿姨，你们平时几点上班？工作时间持续多久？您工作时能碰到什么问题？

答：我们上班时间为7点到10点，17点到21点，中间时间允许回家休息。春秋还好，夏天跟冬天，像这种室外工作挺辛苦的。

问：阿姨，你们平时使用这个自行车吗？跟普通使用者的区别是什么？

答：我们平时上班使用的都是这种自行车，我们有工作人员配备的专用卡，用这种卡1刷一次是不计费的，但是刷第二辆就开始正常计费。

问：阿姨，你们平时的工作内容都包括什么？

答：第一，是7点到这里，公司已经派车在租赁点空闲地方另外运送来20辆，用钢丝绳绑着，当上班高峰期服务终端的自行车都被借出去了，我们用工作人员卡2将这20辆车锁到终端里，供人们使用。第二，是做好卫生，我们的工作车上带着扫帚，将租赁点3m以外打扫干净，将自行车篮子里的传单收拾干净，将小广告撕干净，用抹布将显示器、自行车服务终端等擦干净。第二，是观察记录、这个点的自行车租赁使用情况，当自行车不够用时，给公司经理打电话报告情况，由公司运来补充车辆。第四，是给自行车车胎充气，当发现自行车以及系统有技术性故障时，打电话给经理，经理派出维修人员进行维修。

问：阿姨，像图书馆这样的点每天从公司拉来几趟自行车才够使用？

答：三趟，时间分别为早上6：30一趟，中午11：00一趟，下午6：00一趟。主要是应对上下班高峰期。

晚上公司又去居住区密集的地方将还不进去多出来的车拉回公司供第二天早上调配，依此循环。

2．对使用者的访谈

问：你经常使用自行车吗？都用来干什么？你觉得这个系统有什么问题？

答：我一般都是用来休闲、锻炼身体。主要问题有自行车质量差，轮胎没气，刹闸有问题，脚踏有问题，踩着不舒服；管理人员太少，还车系统有问题，打卡显示没有还车，服务电话没人接，偶尔打通，服务态度很差，不耐烦，投诉系统不完善。

3．对未使用者的访谈

问：你知道自行车租赁系统吗？你觉得这个系统怎么样？你对此有什么建议？

答：知道，是通过自己看到了解的，但不知道怎么借，怎么使用，在哪里办卡，建议就是增大宣传力度，降低办理难度，让更多的人使用它，这将是个很好的事情。

附录2 西安市经开区自行车租赁情况调查（一）

调查问卷（针对己使用公共自行车人群）

您好！

我们是××××大学的学生，正在做一项关于西安市经开区自行车租赁系统的调查。占用您宝贵的时间，请您协助回答几个问题，谢谢您的配合！本资料属于私人单项调查资料，非经本人同意，不得泄露。

一、您的基本资料

1. 性别：□A. 男　□B. 女
2. 年龄：□A. 16～29岁　□B. 30～39岁　□C. 40～49岁　□D. 50～59岁　□E. 60岁以上
3. 职业：□A.专业技术人员/教师/医生　□B.事业单位职员　□C. 企业单位职员　□D. 个体经营者　□E. 工人　□F. 农民　□G. 学生　□H. 退休　□I. 游客
4. 学历：□A. 高中及以下　□B. 大专　□C. 本科　□D. 硕士及以上
5. 收入：□A. 无收入　□B. 1 000～1 999元　□C. 2 000～2 999元　□D. 3 000～4 999元　□E. 5 000～7 999元　□F. 8 000元以上

二、公共自行车的基本使用情况

1. 在使用公共自行车之前，您常用的交通工具是（　　）。
   A. 步行　　　　　B. 私人自行车　　　C.公交车　　　　　D. 出租车
   F. 私家车
2. 您是通过什么途径知道自行车租赁系统的？（　　）
   A. 媒体宣传　　　B. 朋友介绍　　　C. 亲眼所见　　　D. 其他
3. 您使用公共自行车的方式是（　　）。
   A. 与公共交通工具的换乘
   B. 与私家车的换乘
   C. 不换乘，短距离使用自行车
4. 您使用公共自行车的最主要用途是（　　）。
   A. 通勤（上下学/上下班）　　　B. 购物
   C. 健身　　　　　　　　　　　D. 节假出游
5. 您使用公共自行车的主要原因是（　　）。
   A. 经济　　　　　B. 方便　　　　　C. 省时　　　　　D. 环保
6. 您一般使用公共自行车的时间是（　　）。
   A. 7-9点　　　　　B. 9-12点　　　　C. 12-14点　　　　D. 14-17点

E．17–19 点　　　　　F．19–21 点

7．您觉得怎样计费比较合适？（　　）

A．0.5 元 / 小时以下　　　　　　　　B．1 元 / 小时以下

C．5 元 / 小时以下　　　　　　　　　D．其他

8．您平均每次租用公共自行车的时间是多久？（　　）

A．30 分钟以内　　　　　　　　　　B．30 分钟到 1 个小时

C．1 ～ 2 个小时　　　　　　　　　　D．2 个小时以上

9．您在租车换车过程中遇到过什么问题？（可多选）（　　）

A．租赁点没有自行车　　　　　　　　B．还车时车位已满

C．借车系统出故障　　　　　　　　　D．无法及时联系上工作人员

F．其他

10．您认为公共自行车站点的位置设置合理吗？（　　）

A．合理　　　　　　　B．不合理　　　　　　C．不清楚

11．您认为公共自行车系统需要在哪些方面改进？（　　）

A．增加更多站点及自行车

B．提供明确的站点指示，增加办卡网点

C．几家公司的租车卡合并

D．其他

附录3　西安市经开区自行车租赁情况调查（二）

调查问卷（随机抽样）

您好！

我们是××××大学的学生，正在做一项关于西安市经开区自行车租赁系统的调查。占用您宝贵的时间，请您协助回答几个问题，谢谢您的配合！本资料属于私人单项调查资料，非经本人同意，不得泄露。

一、您的基本资料

1. 性别：□A. 男　□B. 女
2. 年龄：□A. 16～29岁　□B. 30～39岁　□C. 40～49岁　□D. 50～59岁
　　　　□E. 60岁以上
3. 职业：□A. 专业技术人员/教师/医生　□B. 事业单位职员
　　　　□C. 企业单位职员　□D. 个体经营者　□E. 工人　□F. 农民
　　　　□G. 学生　□H. 退休　□I. 游客
4. 学历：□A. 高中及以下　□B. 大专　□C. 本科　□D. 硕士及以上
5. 收入：□A. 无收入　□B. 1 000～1 999元　□C. 2 000～2 999元 D.3 000～4 999
　　　　元　□E. 5 000～7999元　□F. 8 000元以上

二、公共自行车的基本使用情况

1. 您常用哪种交通工具出行？（　　　）
   A. 组合交通　　　　　　　　　　B. 私人自行车
   C. 公交车　　　　　　　　　　　D. 私家车
   F. 出租车
2. 您是否了解公共自行车系统？（　　　）
   A. 非常了解　　　B. 基本了解　　　C. 一般了解　　　D. 只是知道
   F. 不知道
3. 您是否接受使用公共自行车出行？（　　　）
   A. 愿意　　　　　　B. 不愿意　　　　C. 不确定
   如果愿意，为什么？（　　　）
   A. 使用方便，离租赁点近　　　　　B. 保护环境，低碳生活
   C. 节省时间，避免堵车　　　　　　D. 价格合理
   E. 其他
4. 您觉得怎样计费比较合适？（　　　）
   A. 0.5元/小时以下　　　　　　　　B. 1元/小时以下
   C. 5元/小时以下　　　　　　　　　D. 10~20元/天

5. 您是否希望自行车租赁卡与公交一卡通相结合？（   ）

    A．希望　　　　　　　B．不希望　　　　　C．无所谓

6. 您愿意租赁公共自行车吗？如果不愿意，为什么？（   ）

    A．公共自行车系统设点少，密度不够，租车不方便

    B．换乘站点距离较近，不需要骑自行车

    C．对现有的出行方式满意，不需要改变

    D．办卡麻烦，使用门槛高

    E．不愿意骑自行车或不会骑自行车，机动车乘坐舒适

    F．其他

案例 2

"艺"席之地——西安市钟楼附近
街头艺人的表演空间需求状况调查

摘 要

街头艺术作为一种文化现象由来已久，它不仅是大众喜闻乐见的文化娱乐活动，也是艺术发展的重要源泉。但街头艺人本身独有的表演特征，让艺人与城市管理者之间逐渐产生越来越多的矛盾。我国目前关于街头艺人管理的研究还处于起步阶段，制度尚未成熟，尤其对街头艺人的表演空间研究甚少。本文聚焦于西安市钟楼附近街头艺人的空间需求问题，试图通过对西安市钟楼附近街头艺人的行为特征以及表演空间特征的调查研究，提出该地段街头艺人的表演空间的适宜点，确定表演空间的合理规模与街头艺人的类型划分方式，凝练基本的功能布局建议，以期为西安市街头艺人的规范化管理提供政策建议。

关键字

街头艺人 空间需求 规范化管理 城市文化

导 言

在我国社会经济发展越来越成熟，城市更加注重内涵式发展的大背景下，城市街头艺人的管理工作，成了很多城市面临的管理难题。越来越多的城市开始关注并致力于此。2014年10月25日，上海首批获得资质证书的8名街头艺人持证上岗。2015年4月1日开始，深圳中心书城广场的街头艺人正式抽签派位到固定区域进行表演。深圳成为继上海之后又一个尝试对街头艺人进行规范管理的城市。

案例2 "艺"席之地——西安市钟楼附近街头艺人的表演空间需求状况调查

　　街头艺术作为一种文化现象由来已久，它不仅是大众喜闻乐见的文化娱乐活动，还是艺术发展的重要源泉，许多艺术种类都从街头艺术中繁衍出来。街头艺术要繁衍，就需要公共空间的支撑。然而国内许多城市的公共空间还没有真正开放，没有形成良好的街头氛围，加之街头艺人数量不断增加，其流动性大、人员复杂的特征，让他们与城市管理者的矛盾也越来越凸显（图1）。那么，对待街头艺人应该严堵还是为其正名？是放任不管还是立下规矩？是让街头文化止步于此，还是让其成为城市独特的文化符号？这些问题都值得我们深思。

图1　街头艺人形形色色

图1 街头艺人形形色色（续）

2.1 背景与思路

2.1.1 背景与意义

钟楼是西安明城墙方城形制的中心点，也是西安市规划结构的中心（图2），特殊的地理位置孕育了该片区丰富的历史文化以及多样的艺术表现形式。近年来，钟楼也吸引了越来越多的街头艺人驻足表演，包括吉他伴唱、古筝独奏、素描画像、行为艺术等多种形式的街头表演艺术，也有局部扰民或者影响交通等问题出现。作为一座著名的历史文化名城，西安市对街头艺人这种文化形式又该采取怎样合理的管理方式？该怎样在尊重街头艺人的空间需求情况下，进行适当的规范化管理？

通过此次在西安钟楼附近对街头艺人的调研，了解该地段街头艺人的表演现状，并把握其人群独特的行为、表演空间特征，进而探索更契合其表演特征的管理方式，营造真正属于它们的"艺"席之地。

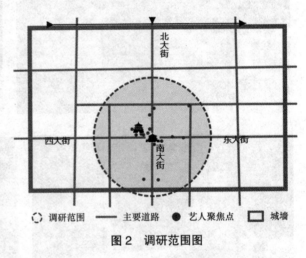

图2 调研范围图

2.1.2 概念界定

街头艺人：是指在街头的公共场所为公众表演拿手绝活的艺人，人数不超过5人的个人或团体。其中包括一些音乐、绘画、行为艺术表演者等。

表演空间需求：是指街头艺人在表演过程中，需要同时满足其正常表演和供行人驻足观赏需求的基本空间（图3）。

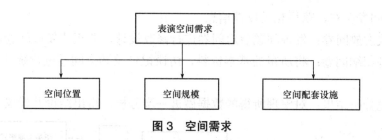

图 3 空间需求

规范化管理：是指政府部门或相关组织通过适当的方法或措施对城市的街头艺人进行组织和协调，使街头艺人的表演行为更加有序地进行，减少其与城市管理的冲突，提升城市形象。

2.1.3 范围选择

西安钟楼位于陕西省西安市市中心，城内东西南北四条大街的交汇处。其周围分布有鼓楼、回民街、书院门等多处文化广场和历史街区。随着钟楼商圈的不断构建，相继形成了钟鼓楼、世纪金花等多个商业广场（图 4），吸引了较多的人流。整个片区是西安市民日常休闲娱乐必去的场所，也是街头艺人最容易聚集的地方。调研范围选择以西安钟楼为圆心，半径为 1 000 米的区域内，包括重要的活动广场、商业街区以及历史街区，相对具有代表性。

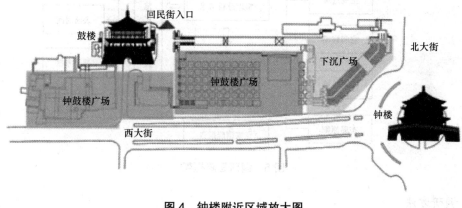

图 4 钟楼附近区域放大图

2.1.4 调研思路和方法

1．调研思路

（1）初步考察调研：调研初期，通过观察思考和文献查阅，发现问题。

（2）确定调研对象：通过对发现问题资料的分析及整理，确定调研对象及选题方向。

（3）获取现状资料：查阅相关报纸杂志及文献资料，了解街头艺人的定义及不同地区、国家对街头艺人的有关规定。

（4）现场感性认知：在调研地点进行初步感性的观察，深入问题，进行调查问卷设计；

（5）初步发放问卷：通过观察、访谈等对钟楼附近街头艺人存在的现状问题及其空间需求进行初步问卷调查，获得相关反馈信息。

（6）正式发放问卷：发现问题后对问卷进行修改设计，并正式发放问卷。

（7）整理归纳问卷：将所得的基本资料、访谈记录及调查问卷进行统计整理，分析相关数据。

（8）讨论分析结果：对整理所得的数据做进一步分析，得出结论及建议（图5）。

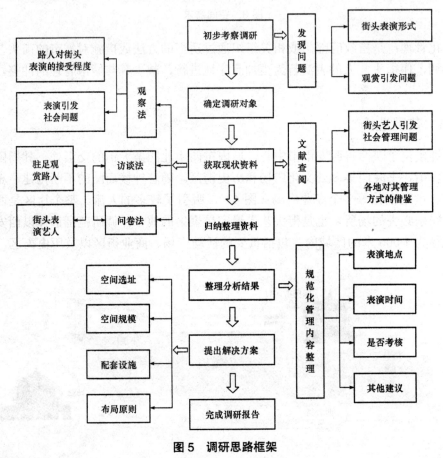

图5　调研思路框架

2. 调研方法

本次调研采取了收集资料、实地考察、问卷调查、访问访谈等调查方法，力求调研过程客观严谨。

（1）收集资料：查阅相关报纸杂志及文献资料，了解街头艺人的定义及不同地区／国家对街头艺人的有关规定。

（2）实地考察：主要调研西安钟楼附近的街头艺人，包括艺术形式、人数、时间、场地状况等，通过调查图表的形式记录（表1）。

表1　调研情况一览表

表演地点	发放份数	表演时间	表演类型
金花下沉广场	46	18：00—22：00	吉他伴唱、乐器演奏

表演地点	发放份数	表演时间	表演类型
新城广场	31	19：00—22：00	吉他伴唱、素描画像
回民街	7	15：00—21：00	行为艺术
湘子庙街	9	16：00—21：00	乐器演奏
东大街	30	19：00—21：30	吉他伴唱、素描画像

（3）问卷调查：在钟楼附近发放问卷，得出该地段街头艺人的表演现状及对规范化管理的看法。问卷对象主要为街头艺人以及街头驻足观赏者。对于回答不便者，采用询问的形式。

（4）访问访谈：在此区域内街头艺人与街头驻足观赏者深入交谈，了解接头艺人的切身感受，以及观赏者的真实看法。

2.2 表演现状分析

2.2.1 艺术类型

钟楼附近的街头艺人的表演艺术形式主要有四种，即吉他伴唱、素描画像、行为艺术和乐器演奏。

性别比例则以男性为主（图6），大多数年龄为20～30岁。表演艺术形式也是以场地制约因素较少的吉他伴唱为主（图7），辅以少数的行为艺术，老年人表演的形式则以乐器演奏和素描画像等为主，形式相对较为传统。

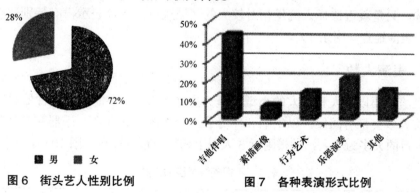

图6 街头艺人性别比例　　　图7 各种表演形式比例

2.2.2 表演地点

表演地点一般选择在西安钟楼附近较为繁华的地段，以骡马市或钟鼓楼广场、金花下沉广场等适于行人驻足观看、聆听以及互动的开敞空间为多（图8），也有在钟楼站地铁口以及地下通道进行表演（图9）。

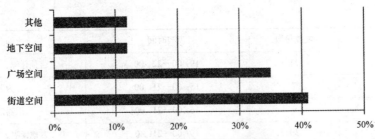

图8　街头艺人表演空间类型

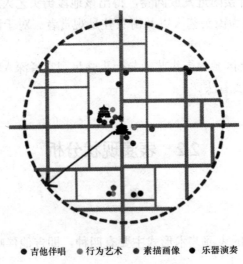

●吉他伴唱　●行为艺术　●素描画像　●乐器演奏

图9　艺人表演地点选择

经过调查发现，西安钟楼附近主要靠街头表演维生的人数占全部街头艺人的比重不是很大，他们大多是本地人或者常年定居西安，并且靠近钟楼附近，表演地点大多没有经过特别的筛选，只是就近选择人流量相对较大的区域进行，并且表示没有特别适合街头表演和值得去的表演地点（附录1）。

2.2.3　表演人数

街头表演主要以1人和2人的小型规模为主（表2）。吉他伴唱这种器材和表演相对复杂的表演大多会带有同伴，以主唱和伴奏分工合作的形式存在。乐器演奏和素描画像等可以独立进行的大多为1人，钟楼附近3人以上的表演很少存在（图10）。

表2　不同表演类型的人数

表演形式	人数
吉他伴唱	2～4
素描画像	1～2
行为艺术	1～2
乐器演奏	1

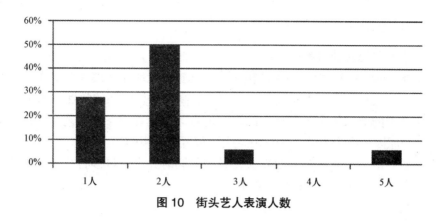

图 10 街头艺人表演人数

2.2.4 表演艺术内涵

绝大多数的街头艺人接受过高等教育（图 11），并且 78% 的街头艺人接受过专业的艺术表演或者自主学习（图 12），21% 人的主要收入源于街头表演。可以说明街头艺人的表演具有一定的艺术内涵，对于经济能力有限的公众而言，观看街头艺术是文化娱乐的很好选择。

而绝大多数的行人肯定街头艺人的存在，认为街头表演是城市文化的一部分，可以提高城市活力。有一部分行人会停下来欣赏并且以欣赏的心态给予钱财，而 68% 的观赏者认为表演一般，只是偶尔欣赏（图 13）。说明大众对西安钟楼附近的街头艺人理解、接受程度较高，但是对整体表演水平评价不是很高。

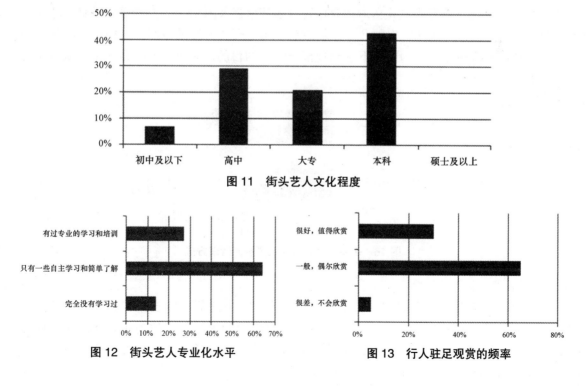

图 11 街头艺人文化程度

图 12 街头艺人专业化水平　　图 13 行人驻足观赏的频率

2.2.5 管理意愿

鉴于街头艺人在表演的过程中会遇到的各种表演障碍,就规范化管理对街头艺人和路人进行问卷调查,86% 的行人和 70% 的街头艺人都赞成规范化管理(图 14),并认为规范化的管理可以在艺人有指定的表演地点的情况下提高公共秩序和欣赏性(图 15)。街头艺人赞成规范化管理的原因依次为有指定的表演地点>更受尊重>提高艺术表现力等。不赞成规范化管理的原因依次为影响艺术自由>表演位置过于束缚等。

另外,据调查街头表演在提升西安文化景观的同时并没有过多打扰市民的正常生活,因此,街头艺人在西安钟楼的存在是合理的。

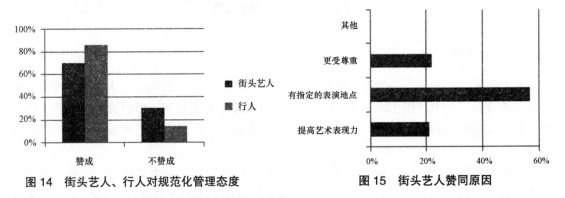

图 14 街头艺人、行人对规范化管理态度 图 15 街头艺人赞同原因

1. 表演地点意愿

西安钟楼附近的街头艺人通常选择的表演地点为街道或者广场,经调查,71% 的行人和 56% 的街头艺人接受在指定区域内自由选择表演地点(图 16)。结合现状选择规范化之后的表演地点应该划定在特定的几个广场或者街道等较为开敞的空间,这样可以在保证街头艺人更好地适应新环境的前提下达到规范化管理的目的,解决堵塞交通等影响城市正常秩序的问题。

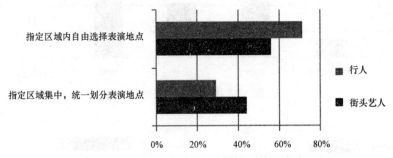

图 16 街头艺人、行人选择空间管理方式

2. 表演时间意愿

结合人们正常的作息时间,大部分的市民在 17:00 之后时间安排较为放松,选择去驻足欣赏表演的概率较大。街头艺人也倾向迎合较大的人流量,故街头表演的时间确定在 17:00—22:00 区段。而且 56% 的行人也选择表演时间在 17:00—22:00 时间段(图 17),所以表演时间确定为 17:00—22:00 更加合理。

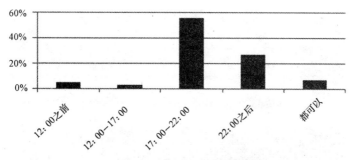

图 17　行人认同街头艺人表演时间

3．水平考核意愿

街头艺人进行考核后可以使表演的欣赏度提高，但不免有一些街头艺人会遭遇淘汰，失去街头表演的机会。经过统计，58% 的行人不希望对街头表演进行考核（图 18），选择考核和不考核的比例基本持平，没有明显的考核意向，应该综合各方面情况从而选择是否对西安的接头艺人的艺术水平进行考核。

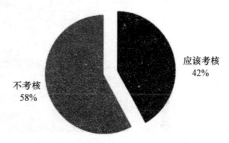

图 18　行人对街头表演考核倾向

4．小结

调查分析逻辑如图 19 所示。

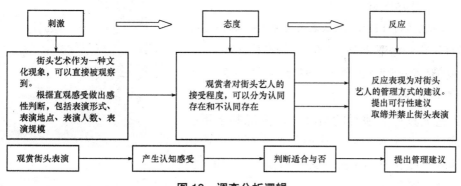

图 19　调查分析逻辑

2.3　表演空间探讨

2.3.1　街头艺人类型划分

街头艺人按照表演内容划分，可分为吉他伴唱、素描画像、行为艺术、乐器演奏等（图 20）。

吉他伴唱 乐器演奏

行为艺术 素描画像

图20 不同类型表演形式实景

街头艺人按照表演目的划分，可分为职业型、半职业型、业余爱好型等。

注：职业型的街头艺人以街头表演为主要收入来源；半职业型的街头艺人将街头表演作为兼职，赚取辅助收入；业余爱好型的街头艺人将街头表演作为业余爱好，意在传扬艺术文化或表现才能，锻炼技艺。

街头艺人按照表演目的与其艺术内涵基于街头艺人表演的"艺术观赏性"和街头艺人的"职业化程度"划分，可分为"纯爱好型""艺术型"和"乞讨型"三类（图21）。

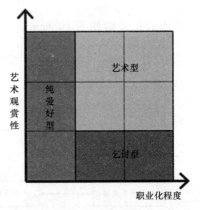

图21 街头艺人的类型划分二维图

注：空间艺术内涵的定性强调街头艺人"艺术观赏性"的衡量主要依靠观众的评价而非专家的评判。"职业化程度"通过街头表演收入在生活开支中所占的比重来衡量，若街头表演收入在生活开支中的比重较低，则"职业化程度"较低；反之，则"职业化程度"较高。

2.3.2 表演行为特征

各类街头艺人的表演空间需求不同，对公众和社会造成的影响也各不相同，需要区别对待和分类管理。整体表演空间需选用适于艺人表演和行人驻足欣赏的开敞或者半开敞的人流密集空间（表3）。

表3 表演行为特征分类

艺术类型	街头艺人行为特征
吉他伴唱	使用高音量的乐器或音响，对周边人群影响较大，在大多数情况下，艺人都是背靠空间划分边界（如，墙壁、围栏、台阶边沿等）站立，与观赏者面对面站立
行为艺术	比较于其他类型艺人，相对更具有流动性，常穿梭于街道之间，也有选择固定位置的
素描画像	在一般情况下，艺人以蹲姿或者坐姿创作，周边行人以圆形形态围绕艺人进行欣赏表演或者艺人与行人面对面画像
乐器演奏	多表演如笛子、箫、二胡等传统形式的音乐，音量比较小，围观人群较少

2.3.3 表演空间规模

不同类型的表演空间规模推算表见表4。

表4 不同类型的表演空间规模推算表

艺术类型	空间规模 /m²	计算公式	计算依据
吉他伴唱	21~52	$S=0.62A+0.62B+0.5\pi r^2$	A：观赏者人数 B：街头艺人人数 r：两者之间距离
素描画像	3.6~13.2	$S=0.62A+0.62B+\pi r^2$	A：观赏者人数 B：街头艺人人数 r：两者之间距离
行为艺术	不定	无	穿梭街道为主，表演空间规模小，变动大
乐器演奏	9.65	$S=0.62A+0.62+0.5\pi r^2$	A：观赏者人数 r：两者之间距离

2.3.4 表演配套设施

不同艺术类型的表演配套设施一览表见表5。

表5 不同艺术类型的表演配套设施一览表

艺术类型	表演配套设施需求
吉他伴唱	供电设备、休息座椅、卫生间、饮水设备、舞台、场地顶棚
行为艺术	休息座椅、更衣室、卫生间、饮水设备
素描画像	场地顶棚、卫生间、饮水设备、表演座椅、周边较好环境
乐器演奏	休息座椅、卫生间、饮水设备、舞台、场地顶棚

2.3.5 表演空间选址

在指定区域内，自由选择地点进行表演比较适合街头艺人的表演特征。乐器演奏、吉他伴唱和素面画像比较适合开敞或半开敞的空间，而行为艺术比较适合流动性大、线状的空间表演（表6）。

表6 不同类型表演的适用空间特征

艺术类型	空间围合形态	围合形态图示	适用空间特征
吉他伴唱	人群以扇形围绕艺人欣赏表演		比较大型的开敞空间，以降低噪声的影响
行为艺术	在街道中穿梭，高度流动性的线形空间		人流密集，流动性大，有一定活动范围的空间
素描画像	基本为围绕艺人形成环状空间形态		适合比较安静，且周边环境质量较好的空间
乐器演奏	基本空间形态为扇形，与吉他伴唱类似		适用于开敞且相对安静的空间

基于以上对街头艺人表演行为以及空间行为的分析和不同艺术类型之间的干扰程度分析（表7），并对调研范围内的各个重要地段进行综合条件评价，对每个具体地点适宜的表演类型进行划分（表8、图22）。

表7 不同艺术类型之间的干扰程度分析

艺术类型	吉他伴唱	行为艺术	乐器演奏	素描画像
吉他伴唱	▲	■	▲	■
行为艺术	■	●	●	●
乐器演奏	▲	■	▲	■
素描画像	■	●	■	●

备注：■干扰程度较大 ▲干扰程度一般 ●没有干扰

表8 每个地点不同艺术类型之间的干扰程度分析

空间选址	空间规模	人流量	配套设施	景观要求	抗干扰能力	适合表演行为
钟鼓楼广场	大	大	足	高	强	吉他伴唱、素描画像、乐器演奏
下沉广场	较大	大	不足	较低	较强	素描画像、吉他伴唱

续表

空间选址	空间规模	人流量	配套设施	景观要求	抗干扰能力	适合表演行为
回民街	较大	较大	不足	较低	强	行为艺术、乐器演奏
新城广场	大	较小	足	高	较弱	素描画像
东大街	较大	较大	不足	较低	较弱	行为艺术
开元广场	较小	较大	不足	较高	较弱	吉他伴唱、行为艺术
南大街	较小	较大	不足	较低	较弱	不适合设置表演
湘子庙街	较大	较小	不足	较高	较弱	乐器演奏、素描画像
书院门	较小	较小	不足	高	弱	不适合设置表演

● 吉他伴唱　● 行为艺术　● 素描画像　● 乐器演奏

图22　不同类型表演形式的空间选址

2.4　布局管理思考

2.4.1　功能布局建议

规范化管理是进行适当集中的管理方式，势必需要对各种类型的表演形式进行空间划分，根据艺人独特的行为组织特征和表演空间特征，我们对西安钟楼附近主要的吉他伴唱、乐器演奏、素描画像、行为艺术这四类表演形式的功能布局提出基本的建议。

（1）吉他伴唱，由于使用的音乐设备音量较大，对其他三种表演形式影响都很大。此类表演应尽量独立布置，可尝试使用树木、花坛等景观要素进行分割，减少其对其他形式表演的干扰。

（2）乐器演奏，与吉他伴唱类似，但是声音相对较小，对周边影响不大。

（3）素描画像，主要使用静态空间，其占据规模小，宜布置于相对安静，景观较好的分区中。

（4）行为艺术，相对其他类型，具有独特的流动性，这种特征使其与人群的交往频率较高，信息反馈及时，所以适合布置在靠近人群流线的位置，但是人数不宜过多，以免造成拥挤。

在整个空间的表演类型比例结构中，适当控制合适的比例结构，既要避免表演类型之间有过多干扰，又要适当提高空间的丰富度和空间使用率（图23）。

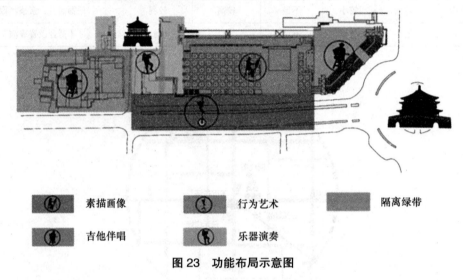

图23 功能布局示意图

2.4.2 管理制度建议

西安市制定的街头艺人管理制度主要突出以下几点：

（1）表演空间方面：借鉴台北市的经验，确定一定数量的街头艺人场地，建议划定适合艺人表演的区域范围，并允许艺人在该范围内自由选择适合自己表演的具体地点，实行差异化管理，尽量减少过多的制度约束。

（2）表演时间方面：根据街头艺人本身特有的表演频率，放开表演时间让其自由选择，并且时间段选择在每天17：00—22：00为主。此时人流量较大，适合街头艺术的传播。

（3）水平考核方面：对街头艺人进行艺术水平考核，利用"街头艺人类型划分二维图"对乞讨者与街头艺人进行区分，让乞讨者进入社会救助系统，进而提高街头艺人艺术表现力的可观赏性，提升城市文化和精神生活的水平。

（4）管理保障方面：为西安市街头艺人创建街头艺人网站，及时发布街头艺人简介和表演类型等信息；对艺人活动场所提供足够的服务（清理表演场地、维护现场秩序），支持其自由发挥。适当进行引导和管理，避免繁杂的管理制度限制街头艺术的发展，从而提升西安市的城市活力。

2.5 结语

城市街头是催生艺术表演和艺术创作的沃土，街头艺人的表演能够传承传统文化和发扬现代文化，激发城市活力。目前，西安市的街头艺术管理制度还处于萌芽阶段，街头艺术需要政府更少的干预和更多的支持。我们在借鉴其他城市优秀管理经验的同时，也进一步探索和完善符合西安城市文化特色街头艺术的管理模式和服务机制，让街头艺人拥有更优质的表演空间，让市民感受到城市文化的魅力，使我们的城市更具特色，更有活力。

参考文献

［1］吴启佑，陈诗允，许一鸣．对上海街头艺人管理法规制订的思考［J］．科学发展，2013（10）：79-85．

［2］戴先任．对街头艺人的管理应张弛有度［N］．中国文化报，2015-4-9（002）．

［3］许民彤．街头艺人该往何处去［N］．检察日报，2014-10-31（006）．

［4］吉存．上海街头艺人"持证上岗"值得借鉴［N］．大连日报，2014-10-29（B06）．

［5］皖人．该如何对待街头艺人［N］．中国艺术报，2013-1-10（001）．

［6］张书美，谢二成．街头艺人的管理之路——《上海市城市街头艺人管理条例》引发的思考［J］．城市建设理论研究（电子版），2013（8）．

［7］［丹麦］扬·盖尔．交往与空间［M］．4版．何人可，译．北京：中国建筑工业出版社，2002．

附录1　访谈记录

我们在调查问卷的发放过程中，除了对问卷已包含的问题做了详细询问之外，还就街头表演的其他情况做了一些访谈，现将访谈的结果整理如下，Q——问题，A——回答：

受访者：街头艺人

Q：您为什么会选择在这个地方进行表演？在表演过程中，您遇到过的最大障碍是什么？

A1：（乐器演奏/回民街入口）这个地方比较安静，离那些弹吉他的大喇叭比较远，这样不会影响到我。遇到过的最大障碍是有时占不到位置。

A2：（吉他伴唱/金花下沉广场）这个地方有个大面积的台阶，下午会有很多人来这里散步、乘凉，所以在这里表演会有很多观赏者。遇到过的最大障碍应该是有城管驱逐。

A3：（素描画像/钟鼓楼广场）这里比较安静，而且靠近钟楼，来来往往的人比较多，风景很好，尤其是下午。基本上没遇到过什么障碍，有空就会过来给别人画像。

Q：您认为是否应该对"街头艺人"进行规范化管理？为什么？

A1：（吉他伴唱）我赞同，因为在艺人中有很多人不懂艺术，完全是滥竽充数。应该对艺人进行适当的考核或者进行培训进而加以区分。

A2：（乐器演奏）我赞同，因为规范化管理之后，可以不用着急来占位置，有了固定的位置。

A3：（素描画像）我不赞同，因为管理之后，可能让一些新手没有平等的机会进行表演，而且会在一定程度上限制艺术自由。

A4：（行为艺术）我赞同，因为可以给艺人提供更好的表演环境，在提升艺人质量的同时又做到不影响市容市貌，可以参考上海的南京西路、大理的人民路、北京中关村的做法，使艺人集中起来表演，这样也可以形成城市的文化氛围。

受访者：观赏者

Q：您认为是否应该对艺人进行规范化管理？

A1：我赞成，但是应该适当支持其自由发挥，多给城市添加点活力因素，不要扰乱他们的正常表演。

A2：我赞成，对艺人进行适当的管理和引导，不建议政府进行过多参与，只是对该区域活动的安全性进行管理即可。

A3：管理不管理的也没什么吧，只要把那些艺术水平不高且乞讨的清理一下，这些人应该让政府去救助，不适合参与街头艺术。

附录2 调查问卷（一）

西安市钟楼附近街头艺人的空间需求情况调查问卷

尊敬的女士、先生：

您好，我们是××××××城乡规划专业的学生。为了充分了解目前西安市街头艺人的表演现状特征，以便给西安市未来城市管理政策提出一定的建议，特展开此次调查。本次调查不记名、不涉及单个问卷的内容，仅被用于全部资料的综合统计，因此不会对您的表演意图和行为带来任何不良影响。

基本情况：

您的性别： 年龄： 职业： 文化程度：

问卷内容：

1. 您一般表演时的人数是（ ）。

    A．1人   B．2人   C．3人   D．4人

    E．5人及以上

2. 您主要表演的艺术形式是（ ）。

    A．吉他伴唱   B．素描画像   C．行为艺术   D．乐器演奏

    E．其他（请写明）_____

3. 您是否在表演的内容上进行过专业的培训或学习？（ ）

    A．有过专业培训和学习   B．只有一些自主学习和简单了解

    C．完全没有学习过

4. 您通过表演的收入占总收入的比重是（ ）。

    A．20%以下   B．20%～50%   C．50%～70%   D．70%以上

5. 您常选择的表演空间是（ ）。

    A．街道空间   B．广场空间

    C．地下通道   D．其他（请写明）_____

6. 您常选择的表演时间是（ ）。

    A．12：00之前   B．12：00—17：00

    C．17：00—22：00   D．22：00之后

    E．全天

7. 您一般表演的间隔时间是（ ）。

    A．每天   B．2～3天   C．4～7天   D．不固定

8. 在表演过程中是否会有对您产生表演障碍的因素？如果有，是什么？（ ）

    A．有，城管驱逐   B．有，占不到位置 C．有，竞争矛盾 D．没有

9. 基于您在表演中所遇到的各种状况，您是否赞成对"街头艺人"进行适当的管理？

（ ）

    A．赞成   B．不赞成

10. 您赞成的原因是（ ）。

    A. 提高艺术表现力   B. 有稳定的表演地点

    C. 更受尊重   D. 其他（请写明）_____

11. 您认为哪种规范化管理的方式更容易接受？（ ）

    A. 指定区域内集中、统一的划分表演地点

    B. 指定区域内自由选择表演地点

12. 您认为规范化管理之后的表演地点应该具备什么样的特征？

_____

13. 您不赞成的原因是（ ）。

    A. 影响艺术自由   B. 表演位置过于束缚

    C. 竞争压力较大   D. 其他（请写明）_____

14. 请写出您对"街头艺人"进行规范化管理的其他意见或建议。

_____

附录3 调查问卷（二）

西安市钟楼附近街头艺人的空间需求情况调查问卷

尊敬的女士、先生：

您好，我们是×××××城乡规划专业的学生。为了充分了解目前西安市街头艺人的表演现状特征，以便给西安市未来城市管理政策提出一定的建议，特展开此次调查。本次调查不记名、不涉及单个问卷的内容，仅被用于全部资料的综合统计，谢谢您的参与！

基本情况：

您的性别_____   年龄_____   文化程度_____

问卷内容：

1. 您是否停下来欣赏过街头艺人的表演？（   ）

　　A. 没有过　　　　　　B. 偶尔　　　　　　C. 经常

2. 您是否认同街头艺人在社会的存在？（   ）

　　A. 是　　　　　　　　B. 否

3. 您如何看待街头表演？（多选）（   ）

　　A. 城市文化的一部分 B. 提高城市活力　C. 扰乱公共秩序　D. 影响城市形象

4. 您是否给过他们钱？（   ）

　　A. 是　　　　　　　　B. 否

5. 您给钱是出于什么样的心态？（   ）

　　A. 施舍　　　　　　　B. 欣赏

6. 您认为此处街头艺人水平如何？是否具有可欣赏性？（   ）

　　A. 很好，值得欣赏　　　　　　　　B. 一般，偶尔欣赏

　　C. 很差，不会欣赏　　　　　　　　D. 没注意过

7. 街头表演是否打扰到您的正常生活？（   ）

　　A. 是　　　　　　　　B. 否

8. 您是否赞成对"街头艺人"进行适当的管理？（   ）

　　A. 赞成　　　　　　　B. 不赞成

9. 您赞成的原因？（   ）

　　A. 可欣赏性提高　　　B. 公共秩序提高　C. 其他（请写明）_____

10. 您不赞成的原因？（   ）

　　A. 欣赏便利程度受影响　　　　　　B. 街头艺术丰富程度降低

　　C. 其他（请写明）_____

11. 如果赞成，您认为哪种规范化管理的方式更容易接受？（   ）

　　A. 指定区域内集中、统一的划分表演地点

　　B. 指定区域内自由选择表演地点

12. 您认为规范化管理之后的表演时间应该选择在什么区段？（   ）

    A．12：00 之前   B．12：00-17：00

    C．17：00-22：00   D．无所谓

13. 您认为规范化管理对于表演技艺是否应该进行考核？（   ）

    A．应该考核   B．不考核

14. 请写出您对"街头艺人"进行规范化管理的其他意见或建议。

"间"而有之——西安公园第 n 卫生间需求调研报告

摘 要

"间"即"兼",是指对卫生间使用对象的兼容与包容,也包括依据差异化需求而开展的卫生间空间选址与布置。本调研基于特殊人群(老人、儿童、母婴、残疾人)的需求,调查公园内如厕设施和空间的缺失,运用环境心理学、场所理论、马斯洛需求层次理论等为基础,选取西安三个公园(兴庆宫公园、儿童公园、丰庆公园)开展第 n 卫生间需求调查。通过问卷调研、访谈记录等方式,分析公园卫生间现状以及不同人群如厕的需求和困扰,探寻现有卫生间与不同人群如厕需求之间的矛盾,以期对西安公园卫生间的空间选址和差异化的空间优化布置提出针对性的建议,也为同类型公园或公共空间灵活设置第 n 卫生间提供借鉴与参考。

关键字

公园 第 n 卫生间 需求 困扰 空间

第1章 绪论

1.1 调研背景

2016 年 12 月,中国国家旅游局办公室发出《关于加快推进第三卫生间(家庭卫生间)建设的通知》,要求所有 5A 级旅游景区必须具备第三卫生间,提倡其他旅游景区及旅游场所建设第三卫生间,鼓励有条件的地方全面推进第三卫生间建设(图 1-1)。

随着生活水平的提高,公园成为人们生活娱乐不可或缺的一部分,但是由于西安公园中卫生间设施不足，常常可以见到母亲带男孩进女厕，父亲带女孩进男厕，老人由于行动不便在卫生间起身困难，子女因为性别差异无法陪同年迈父母如厕，年轻妈妈在室外哺乳婴儿，残疾人卫生间中看不中用的尴尬情况（图1-2）。公园作为休闲娱乐的公共场所，却不能满足最基本的生理需求，给人们如厕带来了困扰。

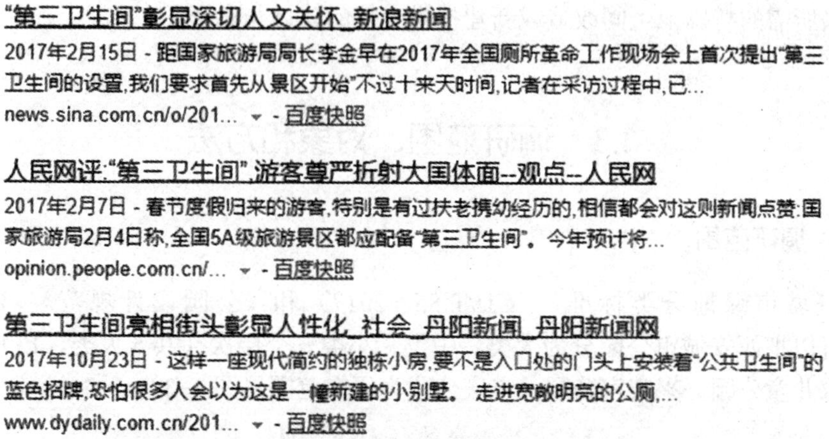

"第三卫生间"彰显深切人文关怀 新浪新闻
2017年2月15日 - 距国家旅游局局长李金早在2017年全国厕所革命工作现场会上首次提出"第三卫生间的设置，我们要求首先从景区开始"不过十来天时间，记者在采访过程中，已...
news.sina.com.cn/o/201... ▼ - 百度快照

人民网评:"第三卫生间"游客尊严折射大国体面--观点--人民网
2017年2月7日 - 春节度假归来的游客，特别是有过扶老携幼经历的，相信都会对这则新闻点赞:国家旅游局2月4日称，全国5A级旅游景区都应配备"第三卫生间"。今年预计将...
opinion.people.com.cn/... ▼ - 百度快照

第三卫生间亮相街头彰显人性化 社会 丹阳新闻 丹阳新闻网
2017年10月23日 - 这样一座现代简约的独栋小房，要不是入口处的门头上安装着"公共卫生间"的蓝色招牌，恐怕很多人会以为这是一幢新建的小别墅。走进宽敞明亮的公厕，...
www.dydaily.com.cn/201... ▼ - 百度快照

图1-1　相关新闻报道

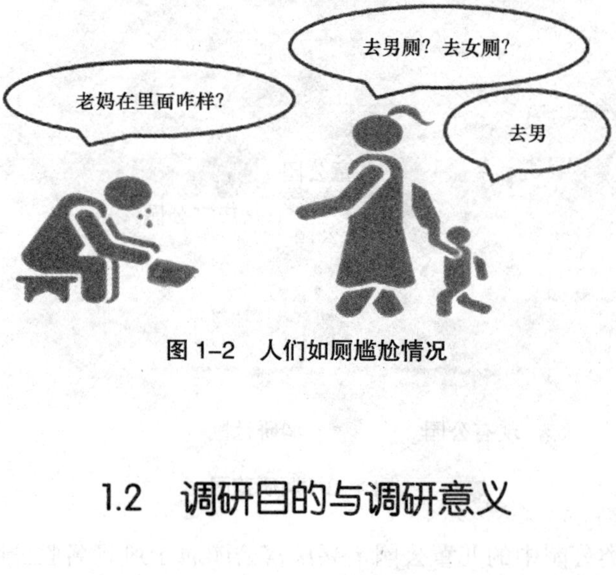

图1-2　人们如厕尴尬情况

1.2　调研目的与调研意义

1.2.1　调研目的

对西安部分公园卫生间的选址布局、规模、数量以及内部设施情况进行调研，分析儿童、老人、母婴、残疾人在公园中如厕的困扰和需求以及公园管理人员的困扰。寻找矛盾冲突点，对公园卫生间布局的优化、设施的配置等提出建议。

1.2.2　调研意义

理论意义：目前，有关城市公园中儿童、老人、母婴、残疾人如厕所需卫生间设施的理论研究、空间设计和单独的设施优化方面基本处于空白状态。因此，研究西安公园中儿童、老人、母婴和残疾人如厕需求与困扰问题，对于发展和完善西安公园的卫生间设施设计与理论研究有积极的作用。

实践意义：本调研是基于西安部分公园内卫生间设施进行的研究，对儿童、老人、母婴和残疾人所需的特殊卫生间改造或新建提供直接的建议与参考。

1.3　调研范围、对象和方法

1.3.1　调研范围

根据《城市绿地分类标准》（CJJ/T 85—2017）和《公园设计规范》（GB 51192—2016），可以把西安城市公园分为大类、中类、小类三个层次（共5大类、13中类、11小类），选取儿童公园、兴庆宫公园、丰庆公园为研究范围（图1-3）。

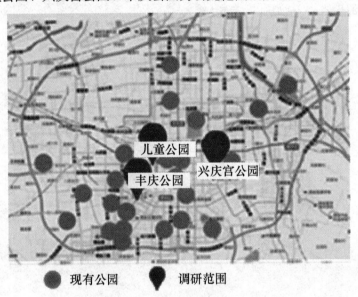

图 1-3　调研范围

儿童公园是专类公园中的儿童公园，兴庆宫公园属于风景名胜公园，丰庆公园属于区域性公园，三个公园各具代表性，能够从不同层面充分反映第 n 卫生间的需求情况。同时这三个公园的各年龄段人群都比较活跃，便于数据的统计整理，存在的问题具有一定的普遍性。

1.3.2　调研对象

调研对象为儿童公园、兴庆宫公园、丰庆公园中的儿童、老人、母婴、残疾人以及公园管理者（图1-4）。

图1-4 调研现场

1.3.3 调研方法

（1）文献法：查看国内外关于卫生间布置和不同人群心理、生理特征以及社会调查方法等相关文献资料。

（2）观察法：观察儿童公园、兴庆宫公园、丰庆公园卫生间现状以及儿童、老人、母婴和残疾人的如厕行为特征等。

（3）问卷法：问卷发放的时间选择周末，因为周末公园人员最为密集，本次调查共发放问卷200份，其中有效问卷193份。

（4）访谈法：对公园管理人员、儿童、老人、母婴和残疾人进行访谈调研。

1.4 相关概念界定

第 n 卫生间：是第三卫生间概念的延伸，不仅家长可以陪同异性儿童如厕，异性子女也可以辅助年迈的父母如厕，同时还可以满足母婴和残疾人等特殊人群如厕需求的一种卫生间（表1-1）。

表1-1 概念界定

名称	概念	服务人群	是否单独设置	存在问题
第三卫生间	为解决一部分特殊对象（不同性别的家庭成员共同外出，其中一人的行动无法自理）如厕不便的问题而设置的卫生间，主要是指女儿协助老父亲，儿子协助老母亲，母亲协助小男孩，父亲协助小女孩等	需异性陪伴人群	是	缺少老人、儿童独立如厕的设施
残疾人卫生间	在卫生间区域专门设立无障碍卫生间，给残障者、老人或病人如厕提供便利	残疾人	否	异性家属无法陪同
母婴室	主要是为单独照顾哺乳期以及孕产妇设置的休息地方，相对来说比较安全、私密	母婴	是	无法如厕

1.5 技术路线

技术路线如图1-5所示。

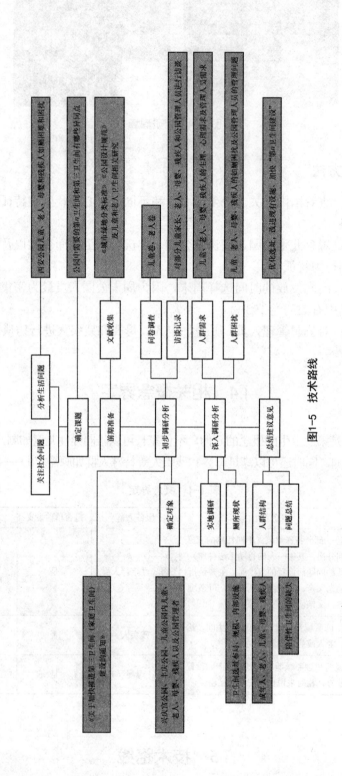

图1-5 技术路线

第 2 章 现状调研与分析

2.1 公园卫生间现状

2.1.1 空间分布

根据《公园设计规范》（GB 51192—2016），大于 10 ha 的公园，卫生间的服务半径不应大于 250 m。当前兴庆宫公园、丰庆公园、儿童公园卫生间的数量较少或是位置布置不合理，导致每个卫生间的服务范围过大（图 2-1 至图 2-3）。

（1）选址：卫生间的位置大多选择靠近公园主干道，方便寻找；或者是选择人流量比较集中、人们最常逗留的附近设置，以解决人们在逗留过程中如厕不便的情况。老人由于生理原因，其如厕可忍耐的时间较短（图 2-4），由于部分卫生间选址不合理，因而许多老人见厕就上，避免长时间找不到卫生间带来的尴尬。

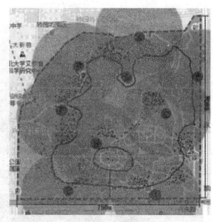

图 2-1 兴庆宫公园卫生间布置现状

（2）辨识度：从辨识度上来看，多数卫生间采用树或其他植被做一定的遮挡，通过指示牌进行引导，既不至于让人们找不到，又不会影响公园内的整体环境的协调（图 2-5）。

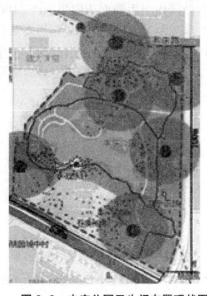

图 2-2 丰庆公园卫生间布置现状图

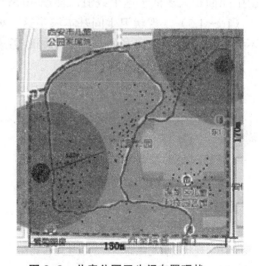

图 2-3 儿童公园卫生间布置现状

图 2-4　老人上厕所可忍耐时间

图 2-5　卫生间现状照片

2.1.2　设施构成

根据《公园设计规范》（GB 51192—2016），公园内卫生间面积应为 $60 \sim 100 \mathrm{~m}^2$。而现状卫生间面积大多低于这个数值，都在 $40 \mathrm{~m}^2$ 左右（表 2-1）。规范规定男女厕位比例应为 1：（$1 \sim 1.5$），现状卫生间基本满足这一要求，由表 2-1 可以看出，现有卫生间内部设施不完善，没有考虑到老人、母婴的如厕需求，仅个别卫生间设置了无障碍厕位和儿童厕位，其余均未设置（图 2-6、图 2-7）。

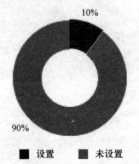

图 2-6　现状设置无障碍厕位的卫生间占比图　　　图 2-7 现状设置儿童厕位的卫生间占比图

表 2-1　卫生间内部设施统计

公园设施	兴庆宫公园卫生间									丰庆公园卫生间						儿童公园卫生间		
编号	A	B	C	D	E	F	G	H	I	A	B	C	D	E	F	A	B	C
卫生间面积 / ㎡	60	72	30	42	30	36	60	42	30	30	48	20	30	36	48	42	30	30
女厕位 / 儿童位 / 个	8/0	8/0	8/0	9/0	8/0	8/0	8/0	8/0	6/0	8/0	6/0	5/0	6/0	6/0	8/0	6/0	6/0	5/0
男厕位 / 儿童位 / 个	8/0	8/0	6/0	6/0	8/0	8/0	6/0	8/0	6/0	8/0	6/0	5/0	6/0	4/0	6/0	6/0	4/0	5/0
男洗手台 / 儿童位 / 个	4/0	5/0	4/0	6/1	2/0	3/0	4/0	3/0	2/0	4/0	2/0	3/0	4/0	2/0	3/0	2/0	4/0	2/0
小便斗 / 儿童位 / 个	6/0	5/0	6/0	7/0	5/0	6/0	7/0	6/0	8/0	6/0	7/0	6/0	7/0	6/0	6/0	8/0	6/0	6/0
老年男厕位 / 个	0	0	0	0	0	0	0	0	0	0	0	0	0	0	0	0	0	0
女洗手台 / 儿童位 / 个	4/0	5/0	4/0	6/1	2/0	3/0	4/0	3/0	2/0	4/0	2/0	3/0	4/0	2/0	3/0	2/0	4/0	2/1
老年女厕位 / 个	0	0	0	0	0	0	0	0	0	0	0	0	0	0	0	0	0	0
残疾人卫生间 / 个	0	0	0	2	2	2	0	0	0	0	0	0	0	0	0	0	0	0
第三卫生间 / 个	0	0	0	0	0	0	0	0	0	0	0	0	0	0	0	0	0	0
母婴室 / 个	0	0	0	0	0	0	0	0	0	0	0	0	0	0	0	0	0	0

备注: "数字"表示设施现有个数,"/"后数字代表儿童的设施个数

受访者：

Q：您觉得公园里的厕所够用吗？

A：差不多够。

Q：您每次在公园游玩想上厕所时都能很快到厕所吗？

A：不一定，看在哪了，有很多时候要走一段时间才能到。

Q：距离太远的话，您一般都是怎么解决这个问题的？

A：在公园基本上都是看见厕所就先去一下，怕想上的时候又找不到或太远。

2.1.3　问题总结

通过调研发现现有卫生间存在缺少母婴室，残疾人卫生间设置不足，部分设施不足、尺寸不合理，缺少可以陪伴如厕空间等问题（表2-2）。

表2-2　现状问题分析

问题	无母婴室	无障碍卫生间设置不足	设施不足、尺寸不合理	缺少可陪伴空间
占比 /%	11	9	61	19
问题描述	卫生间空间布局设计缺乏母婴室、第三卫生间的考虑，导致出现在户外喂奶、家长只能在户外协助儿童如厕等现象	仅有少数的卫生间设置无障碍的厕位，而且数量极少	儿童、老人卫生间设施考虑少，普通卫生间设施尺寸对儿童来说过大，使用不便	卫生间缺少可陪伴空间，异性家属陪伴儿童、老人不便

2.2　人群构成

2.2.1　公园人群构成

公园人数众多，人群多种多样。不同人群的生理特征、活动能力、行为特征和其如厕困扰都有一定差异（表2-3）。

表2-3　人群构成分类

人群＼公园	成年人	老人	儿童	母婴及孕妇	残疾人
兴庆宫公园	715	210	125	15	5
丰庆公园	632	189	103	12	4
儿童公园	128	42	60	6	2

2017年5月6日17：00—19：00分别对2小时内进入各公园的人群情况进行统计（表2-4）。

表 2-4　公园人群数量统计

公园名称	兴庆宫公园	丰庆公园	儿童公园
公园类型	风景名胜公园	区域性公园	专类公园
主要服务对象	外来游客、附近居民	附近居民	附近居民
人群构成特点	成年人相对较多	老人、儿童相对较多	老人、儿童相对较多

根据表 2-4 公园人群数量的统计，可以发现不同类型的公园人群构成是不同的，兴庆宫公园成年人相对较多，丰庆公园、儿童公园老人和儿童相对较多（表 2-5）。

表 2-5　公园人群构成特点

人群	成年人	老人	母婴及孕妇	儿童（7岁以下）	残疾人
生理特征	正常	身体机能退化	正常	身高各方面与成年人差距大	身体有部分缺陷
活动能力	正常	行动不便	行动不便	正常	行动不便
行为特征	正常	步行速度慢，下蹲起身吃力	哺乳婴儿或行动不便	身高低，年龄小，喜欢玩耍	行为活动不方便
如厕困扰	无	使用普通卫生间吃力	如厕和哺乳不方便	无法正常使用普通卫生间的设施	行动不便导致如厕不便

2.2.2　卫生间使用人群构成

（1）不同类型的公园其人群构成有所差异，这种差异对公园内卫生间使用人群的构成又有一定影响。兴庆宫公园卫生间使用人群成年人相对较多，而丰庆公园、儿童公园老人和儿童相对较多。

对 2 小时内各公园卫生间的使用人群情况进行统计（表 2-6 至表 2-8）。

表 2-6　兴庆宫公园卫生间使用人群情况统计

使用对象	使用卫生间总人数 / 人	使用人数 / 人	占总使用人数比例 /%
老人		54	27
儿童		21	10
母婴	202	4	2
残疾人		1	1
成年人		122	60

表 2-7　丰庆公园卫生间使用人群情况统计

2017 年 5 月 7 日 17：00-19：00 晴 23℃

使用对象	使用卫生间总人数 / 人	使用人数 / 人	占总使用人数比例 /%
老人		43	27
儿童		31	19
母婴	160	3	1.9
残疾人		1	0.6
成年人		82	51.5

表 2-8　儿童公园卫生间使用人群情况统计

2017 年 5 月 13 日 17：00-19：00 晴 26℃

使用对象	使用卫生间总人数 / 人	使用人数 / 人	占总使用人数比例 /%
老人		24	22
儿童		21	19
母婴	108	4	3.7
残疾人		2	2
成年人		57	52.8

（2）卫生间的位置及周围环境和设施的不同会吸引不同的人群，进而影响卫生间使用人群的构成。2017 年 5 月 6 日 17：00-18：00 对各卫生间老人、儿童的构成及流量进行观测（由于成年人对卫生间设施无特殊要求，母婴及残疾人数相对较少，所以在此不对其进行观测）。

对人群构成的分析，主要目的是根据不同的人群情况，对公园内是否应该设置第 n 卫生间，以及第 n 卫生间与现有卫生间配比及组合等问题提供参考。

2.2.3　卫生间配比分析

公园内第 n 卫生间设置要考虑各类人群厕位的配比情况。从使用卫生间各类人群的数量和如厕时间两个方面考虑，结合实际情况配建合理的厕位比，以满足公园内各类人群的需求。

（1）使用卫生间人数。根据《公园设计规范》（GB 51192—2016），男女厕位比例为 1：（1～1.5），由于公园内人流量大，女士如厕时间相比男士来说较长，所以此次分析中男女厕位比例按照 1：1.5 考虑。

根据上述对各公园使用卫生间人数的统计，结合男女厕位比例 1：1.5，测算卫生间内各厕位的配比（表 2-9）。

表 2-9 各厕位配比

厕所公园	男	女	老人	儿童	母婴	残疾人
兴庆宫公园	1	1.5	1.12	0.40	0.08	0.04
丰庆公园	1	1.5	1.30	0.92	0.09	0.03
儿童公园	1	1.5	1.02	0.89	0.16	0.10

（2）如厕时间。不同人群由于生理特征、活动能力等方面的原因导致如厕所用时间有所差异。老人、残疾人如厕时间相对较长，男性如厕时间相对较短。对几种不同人群如厕时间进行抽样调查，并对其分别进行统计（表 2-10）。

表 2-10 如厕时间统计

人群分类	男					女				
编号	A	B	C	D	E	A	B	C	D	E
如厕时间/分钟	4	3	2	3	7	5	11	8	6	5

以上述统计的各类人群如厕时间为基数，利用求平均值的方法估算每类人群的平均如厕时间（表 2-11），推出各厕位的配比。

表 2-11 平均如厕时间

人群分类	男	女	老人	儿童	母婴	残疾人
平均时间/分钟	3.8	7	9.2	6	11	11

由如厕平均时间得出各厕位的配比为：$3.8 : 7 : 9.2 : 6 : 11 : 11 = 1 : 1.8 : 2.4 : 1.5 : 2.9 : 2.9$

（3）配比分析。上述两种预测方法均有一定的参考价值，但都有一定的局限性。由于公园内母婴与残疾人人数较少，所以这两种人群的厕位比例仍按使用卫生间人数得出的配比。依据《公园设计规范》（GB 51192—2016）等资料，综合考虑各方面因素，结合上述两种方法得出的结论，得出各公园的厕位配比为：

男	女	老人	儿童	母婴	残疾人
1	1.5	1.02	0.89	0.16	0.10

当然，公园类型不同，各厕位布置的配比也是不同的。兴庆宫公园成年人、老人的厕位设置应相对较多，丰庆公园、儿童公园内老人和儿童的厕位设置应相对较多；而残疾

人、母婴由于人数较少，所以厕位都设置相对较少。以此为公园内第 n 卫生间厕位配比提供参考。

第3章　不同人群的需求和困扰

3.1　不同人群的生理需求

亚伯拉罕·马斯洛将人类需求像阶梯一样从低到高按层次分为五种，分别是生理需求、安全需求、社交需求、尊重需求和自我实现需求。基于马斯洛需求层次理论，人们在如厕方面除了水、空气以外，还有生理舒适和生理健康两种更高层次的生理需求。在如厕方面这两种更高层次的生理需求具体表现如下：

（1）设施尺度合理：由于生理机能的差异，不合理的如厕设施会使特殊人群无法解决如厕问题。

（2）分布合理：部分人群由于生理机能的特殊性，憋尿能力相对较弱，需要在可忍受的时间内快速找到厕所。

（3）环境干净整洁：遇到脏乱的卫生间多数人会拒绝如厕，这样有害于生理健康。

（4）设施充足：各类人群生理需求不同，需要不同的设施来满足不同的如厕需求。

各类人群对如厕生理舒适和生理健康需求的程度是不相同的。儿童和老人需要一个设施尺度合理的卫生间，而母婴和残疾人需要充足的与其生理机能相符的如厕设施，来为他们提供如厕方便（图3-1）。

图3-1　不同人群生理需求在如厕方面的表现

3.2　不同人群的心理需求

结合调研，基于马斯洛需求层次理论，人们在如厕方面的心理需求主要有安全和尊重两个方面，具体表现如下：

（1）环境干净明亮：人本性对黑暗、脏乱的地方有恐惧感。在如厕时，需要一个干净明亮的、有安全感的卫生间环境。

（2）可陪伴进入：对于不能自理的人群，为满足尊重的心理需求，他们需要一个可以让异性陪伴者陪伴进入的卫生间。

（3）独立的卫生间：特殊人群在如厕时有一些难言之隐和如厕困扰，基于对其尊重，需要一个独立的卫生间。

（4）设施尺度合理：合理的卫生间设施尺度不仅可以满足生理舒适的需求，还可以满足心理安全需求，为各类人群如厕安全加上一项保护措施。

不同人群对如厕安全需求和尊重需求的程度是有差异的。儿童需要有安全感的卫生间，独自如厕时不再胆怯，或者一个可父母陪伴的卫生间，来帮助如厕；老人需要合理的卫生间设施尺度，可辅助起身的设施保证如厕的安全性；母婴和残疾人由于生理机能上的特殊性，需要一个独立的卫生间来解决不一样的如厕需求（图 3-2）。

图 3-2　不同人群心理需求在如厕方面的表现

3.3　不同人群的困扰

3.3.1　儿童如厕的困扰

（1）儿童如厕设施不足：通过调研，三个公园儿童人数均占公园所有人数的 10% 以上（图 3-3），但如厕设施仅有 1 个儿童洗手台，不能满足儿童如厕的需求（图 3-4）。

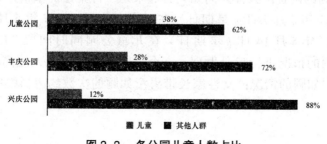

图 3-3　各公园儿童人数占比

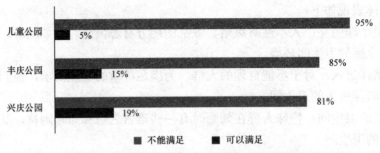

图3-4　各公园儿童现状如厕设施满意程度

（2）儿童如厕设施尺度不合理：通过调研，小便池和厕位是家长认为现状尺度最不合理的设施（图3-5）。现有如厕设施均为成年人的设施尺度，儿童在如厕过程中遇到很多不便（图3-6、图3-7）。

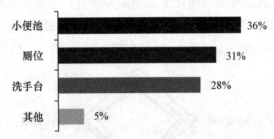

图3-5　家长认为现状尺度不合理的设施

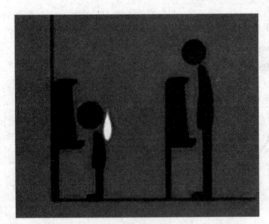

图3-6　现状小便池给儿童带来的困扰

图3-7　现状洗手台给儿童带来的困扰

（3）异性共厕的困扰：异性共同如厕看起来是一件荒谬的事情，但其实在生活中非常常见。通过2017年5月7日（星期日）在兴庆宫公园、2017年5月13日（星期六）在丰庆公园、2017年5月14日（星期日）在儿童公园同时间段（17：00-19：00）内对家长带孩子如厕的情况进行记录发现：三个公园的卫生间在人流高峰期约每2.5分钟就会遇到异性共同如厕的情况；女性家长带男童如厕的次数约为男性家长带女童的2倍（表3-1）。

表 3-1 家长带异性儿童如厕情况的统计

名称	女性家长带男童	男性家长带女童
兴庆宫公园 A 卫生间	36	13
丰庆公园 A 卫生间	28	12
儿童公园 A 卫生间	32	15

虽然男性家长带女童如厕的比例低于女性家长带男童如厕，但男性家长遇到的尴尬情况不比女性家长少，甚至尴尬情况更为突出。80% 以上的男性家长会感到尴尬，而约 40% 的女性家长会感到尴尬。大多男性家长会请求其他女士带着自己的孩子进入卫生间如厕（图 3-8）。

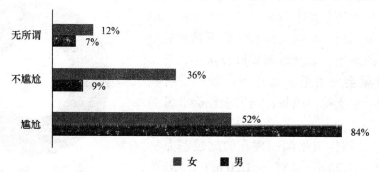

图 3-8 家长带异性儿童如厕尴尬的情况

3 ～ 7 岁儿童已经有性别意识，通过对三个公园调研，近 1/3 的男童会对跟随异性进入卫生间产生抗拒，近 2/3 的女童会产生抗拒。卫生间陌生环境以及陌生人的存在会使儿童产生恐惧心理（图 3-9、图 3-10）。

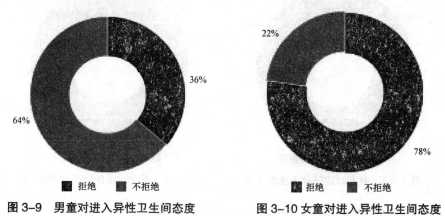

图 3-9 男童对进入异性卫生间态度　　图 3-10 女童对进入异性卫生间态度

3.3.2 老人如厕的困扰

公园中老人如厕的困扰主要为配套设施不足，导致安全得不到保证；缺少子女可陪同的卫生间；引导标识不明确，寻找厕所困难（图 3-11）。

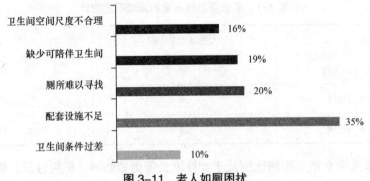

图 3-11 老人如厕困扰

（1）配套设施不足：公园卫生间普遍使用蹲厕，对腰与腿部的力量需求较大，老人由于腰、腿部力量不足，如厕所需时间又较长，蹲下站立后经常会出现头晕的现象，起身时需要握住扶手栏杆，否则一不留神就会失去重心而摔倒。如果没有扶手，而是通过手掌支撑门隔板，则安全性会非常差（图 3-12）。

（2）缺少可陪伴卫生间：现在的厕位都是标准尺寸（1.00 ～ 1.20 m×0.85 ～ 1.20 m），但此标准对需要陪伴如厕的老人来说空间太小，陪伴人员无法入内。同时异性子女也无法陪同老人如厕（图 3-13、图 3-14）。

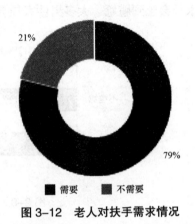

图 3-12 老人对扶手需求情况

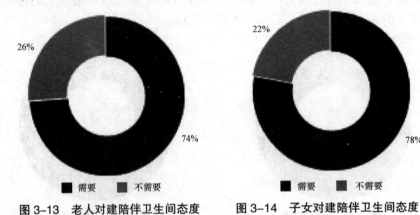

图 3-13 老人对建陪伴卫生间态度　　　图 3-14 子女对建陪伴卫生间态度

（3）厕所难以寻找：由于年龄的增加，老人憋尿能力和视力都有所下降，他们需要快速找到卫生间。在兴庆宫公园内虽有注明了公共卫生间具体位置的导游图，但是这些位置有的并不准确，甚至导游图上面标出的一个卫生间根本不存在，而一个新的卫生间又没有添加进去（图 3-15）。同时兴庆宫公园的指示牌所指的方向也不准确，无法将人快速准确地引导至公共卫生间。指示牌和导游图用石刻的方式虽古典有特色，但不够清晰，也很难实时更新（图 3-16）。

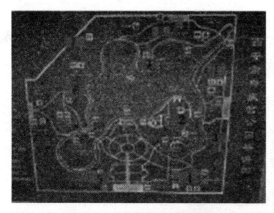

图3-15 兴庆宫公园平面图

图3-16 兴庆宫公园指示牌

（4）卫生间环境卫生较差：在丰庆公园内，部分厕所地面有大量水渍，地面较滑，老人在如厕时易滑倒（图3-17）；兴庆宫公园由于历史悠久，卫生间设施十分陈旧，卫生间内部脏乱差，让人无从下脚（图3-18）。

图3-17 丰庆公园卫生间地面

图3-18 兴庆宫公园某卫生间

3.3.3 母婴如厕的困扰

通过调研可以发现，各公园母婴都占有一定比例（图3-19），但均未设置母婴室。

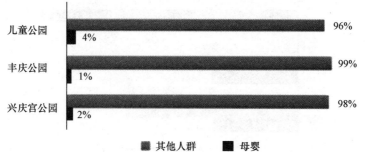

图3-19 各公园母婴人数占比

（1）如厕不便：婴儿无处安放，独自带婴儿的母亲无法如厕。

（2）设施不足：公园中没有为哺乳期的母亲提供独立的给孩子哺乳和换尿布的母婴室，妈妈们只能选择在室外解决问题（图3-20）。

图3-20　母婴如厕的困扰

受访者：

Q：您在公园给孩子哺乳的时候遇到哪些困扰？

A：这么大的公园内没有一个母婴室，出门在外我都选择给我的孩子喂奶粉，不喂母乳。

Q：您一个人在公园带孩子自己需要上厕所时孩子怎么办呢？

A：我最头疼的就是这个问题，抱着她我无法上厕所，只能忍着回家去。

Q：您在哪里给孩子换尿不湿呢？

A：每次给孩子换尿不湿我都是在公园的长椅上，没办法，没有母婴室，尿不湿有时也是扔在室外的垃圾桶里。

Q：您觉得本公园需要建立母婴室吗？

A：我觉得公园内需要建立一个母婴室，现在带婴儿来公园的家庭挺多，文明社会了，大家都需要一个私密的空间来解决婴儿吃喝拉撒的问题。

3.3.4　残疾人如厕的困扰

调研的三个公园中部分卫生间虽设置了残疾人厕位（图3-21），但残疾人在公园如厕方面仍有以下困扰：

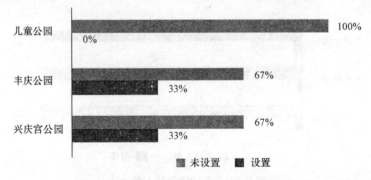

图3-21　现状设置残疾人厕位的卫生间占比

（1）空间尺度不合理：公园内残疾人大多坐轮椅，但是卫生间空间过小（图3-22），进入和使用卫生间时较困难（图3-23）。

图3-22　公园残疾人卫生间现状

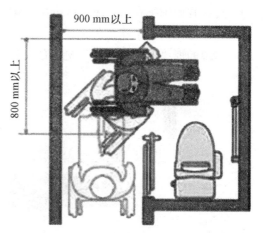

图3-23　残疾人独自进入卫生间所需空间尺度

（2）环境较差：调查的三个公园内部分残疾人卫生间卫生条件很差，残疾人不愿使用；部分残疾人卫生间被杂物占领，无法使用（图3-24）。

（3）无陪伴空间：现有残疾人卫生间与男女卫生间混合布置，残疾人如厕时亲属不便陪伴（图3-25）。

图3-24　被占用的残疾人卫生间

图3-25　异性亲属陪伴不便

3.3.5　公园管理人员的困扰

公园管理人员也希望为公园内的不同人群建立第 n 卫生间，但是他们存在以下困扰（图3-26）：

（1）缺乏资金：公园管理人员认为有必要为公园建立第 n 卫生间，但是资金紧张，建立卫生间费用不足，希望相关部门可承担建设第 n 卫生间的费用。

（2）无相关案例借鉴：由于公园管理人员没有空间组合方面的知识基础，他们不知道

该如何去建立第 n 卫生间，没有相关的资料和案例去参考。

受访者：

Q：现在我们国家在 5A 级景区推出了第三卫生间，我们在此基础上想在公园推行"第 n 卫生间"，您觉得这个建议怎么样？

A：你说的那"第 n 卫生间"挺好的，但是上级领导没有要求，我们也无能为力。

图 3-26　公园内管理人员的困扰

第 4 章　调查结论与建议

4.1　调研结论

（1）规划选址不合理。丰庆公园和儿童公园卫生间的服务范围超过了《公园设计规范》（GB 51192—2016）规定的 250 m，导致一些行动不便的老人和儿童如厕困难。兴庆宫公园卫生间设置未考虑选址的合理性，引导标识不明确，过于隐蔽，难以寻找。

（2）缺乏陪伴性卫生间。兴庆宫公园、儿童公园、丰庆公园都未设置可异性家长陪伴儿童如厕和异性子女陪伴行动不便老人如厕的陪伴卫生间。

（3）缺少母婴室和无障碍厕位。三个公园共有 18 个卫生间但均未设置母婴室；兴庆宫公园 9 个卫生间仅有 3 个设置无障碍厕位，丰庆公园 6 个卫生间仅有 2 个设置无障碍厕位，儿童公园 3 个卫生间均未设置无障碍厕位。

（4）缺乏人性化设计。老人由于生理原因起身困难，需要扶手辅助，但 3 个公园的卫生间均未配置；3 个公园卫生间小便池都采用成年人尺寸，通过测量，小便池前沿离地高度为 0.5 m 左右，儿童使用时存在困难。

4.2 调研建议

（1）优化选址布局。儿童公园和丰庆公园增设卫生间，加大卫生间密度，满足 250 m 的服务半径要求。

（2）改造导向标识。兴庆宫公园导向标识不仅布置过于隐蔽，而且导向标识不准确，需要对其导向标识进行优化。尽可能在不破坏公园风景的情况下将导向标识布置在易发现的开敞地点，并把导向标识做得更加准确、醒目。

（3）优化现有设施。一是需配置符合儿童尺寸并且家长能够陪伴的亲子卫生间；二是需要为老人添加辅助蹲起的扶手，便于老人如厕；三是改造、新建陪伴卫生间，方便残疾人和老人可在家属陪伴下如厕（图 4-1、图 4-2）。

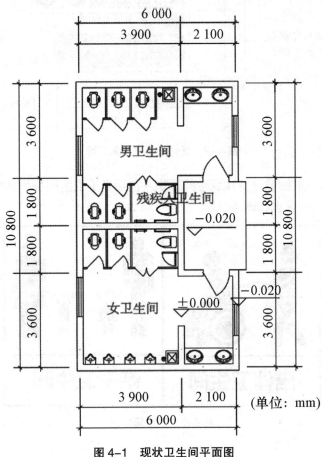

图 4-1 现状卫生间平面图

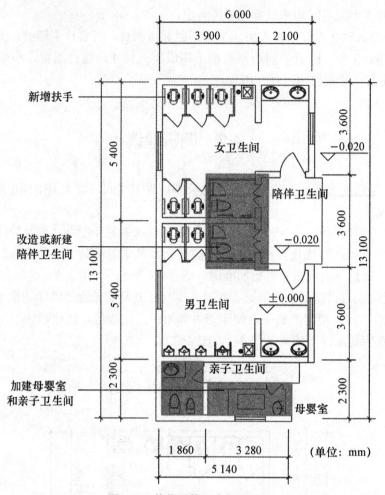

图 4-2　优化后的卫生间平面

（4）标识设计。重新设计特殊卫生间标识（包括亲子卫生间标识和陪伴卫生间标识），其他卫生间仍沿用以前标识（图 4-3）。

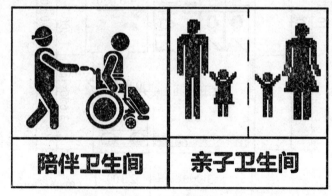

图 4-3　卫生间标识

4.3 推广应用

根据对三个公园各类人群比例关系以及各类人群如厕特征和如厕时间等综合因素，推算出不同公园各类人群所需卫生间配比（表4-1）。

表 4-1 不同公园各类人群所需卫生间配比

名称	男	女	老人	儿童	母婴	残疾人
风景名胜公园	1	1.5	1.76	0.95	0.36	0.71
区域性公园	1	1.5	1.3	0.92	0.09	0.03
专题公园	1	1.5	1.02	0.89	0.26	0.1

根据此方法对其他类型公园或公共空间灵活的设置第 n 卫生间，构建符合其特点的专人专用的卫生间类型。

参考文献

[1] 乔忠慧.基于儿童行为心理学的儿童公园规划设计研究［D］.山东建筑大学，2016.

[2] 王惠萍，孙宏伟.儿童发展心理学［M］.北京：科学出版社，2010.

[3] 刘梅.儿童发展心理学［M］.2版.北京：清华大学出版社，2016.

[4] 胡仲月.基于儿童身心健康需求的儿童公园设计方法初探——以重庆儿童公园为例［D］.四川农业大学，2014.

[5] 中华人民共和国住房和城乡建设部.CJJ/T 85—2017城市绿地分类标准［S］.北京：中国建筑工业出版社，2018.

[6] 曹娟，安芹，陈浩.ERG理论视角下老人心理需求的质性研究［J］.中国临床心理学杂志，2015（2）：343-345.

[7] 蔡琴.城市老人的住宅卫生间环境研究［D］.清华大学，2004.

[8] 傅双喜.中国老年人心理需求调查报告［C］.2010第二届中国老年保健（产业）高峰论坛，2010.

[9] ［美］唐纳德·A·诺曼.设计心理学［M］.小柯，译.北京：中信出版社，2016.

[10] 吴晓，魏羽力.城市规划社会学［M］.南京：东南大学出版社，2010.

[11] 陈前虎，武前波，吴一洲，等.城乡空间社会调查——原理、方法与实践［M］.北京：中国建筑工业出版社，2015.

[12] 中华人民共和国住房和城乡建设部.GB 51192—2016公园设计规范［S］.北京：中国建筑工业出版社，2016.

附录1

关于"第 n 卫生间"需求情况调查问卷（儿童卷）

您好！我们是××大学城乡规划专业的学生，我们正在做一项有关于"需异性陪伴如厕人群的需求情况"，希望能得到您的支持。本调查采用不记名的方式，能倾听您的想法，我们十分荣幸，谢谢您的配合！第三卫生间为解决一部分特殊对象（不同性别的家庭成员共同外出，其中一人的行动无法自理）如厕不便的问题而设置的卫生间，主要是指女儿协助老父亲，儿子协助老母亲，母亲协助小男孩，父亲协助小女孩等。

第 n 卫生间：是第三卫生间概念的延伸，不仅家长可以陪同异性儿童进入卫生间，异性子女也可以辅助年迈的父母如厕，同时还可以满足母婴和残疾人等特殊人群如厕需求的一种卫生间。

注：此处儿童是指3～7岁的儿童。

您的性别： 男　女　　　　您的年龄：＿＿＿＿岁

您的孩子性别：男　女　　　您孩子的年龄：＿＿＿＿岁

1. 由于性别差异，无法陪同孩子如厕时您是如何解决的？（可多选）（　　　）

　　A．孩子独自如厕　　　　　　　　B．带孩子进入异性厕所

　　C．找他人帮助　　　　　　　　　D．进入残疾人厕所

　　E．其他＿＿＿＿＿

2. 如果需要进入异性厕所，您的孩子会拒绝吗？（　　　）

　　A．会　　　　　　　　　　　　　B．不会

3. 您觉得公园现有的卫生间设施是否可以满足您孩子的需求？（　　　）

　　A．可以满足　　　　　　　　　　B．无法满足

4. 现状哪些设施给您孩子平常如厕带来了困扰？（　　　）

　　A．洗手台　　　　B．厕位　　　　C．小便池　　　　D．其他＿＿＿＿＿

5. 您的孩子进入异性厕所的原因是什么？（可多选）（　　　）

　　A．儿童自理能力不足　　　　　　B．缺少家人可陪伴进入的卫生间

　　C．家长不放心　　　　　　　　　D．卫生间条件过差

6. 您认为是否需要设置家长可陪伴的儿童专用卫生间？（　　　）

　　A．需要　　　　　　　　　　　　B．不需要

7. 您觉得儿童卫生间需要哪些设施？（可多选）（　　　）

　　A．儿童厕位　　　　B．儿童小便斗　　　C．儿童洗手台　　D．家长等候区

8. 您觉得本公园的卫生间存在哪些不足之处？（可多选）（　　　）

　　A．无母婴室　　　　　　　　　　B．无障碍卫生间设置不足

　　C．设施不足、尺寸不合理　　　　D．异性家长无法陪伴如厕

9. 您觉得本公园内的厕所还应该解决哪些人群的需求？（可多选）（　　　）

　　A．老人　　　　　　　　　　　　B．母婴

    C. 残疾人　　　　　　　　　　　D. 其他_____

10. 如果在本公园设置"第 n 卫生间"，您觉得该如何布置？（　　）

    A. 按照特殊人群（儿童、母婴、行动不便的人等）的需求单独布置

    B. 行动不便的人（老人、残疾人等）与儿童的卫生间结合布置，母婴室单独布置

    C. 儿童卫生间与母婴室结合布置，行动不便的人（老人、残疾人等）单独布置卫生间

    D. 行动不便的人（老人、残疾人等）的卫生间与母婴室结合布置，儿童卫生间单独布置

11. 您对本公园内的卫生间还有那些意见和建议？

再次感谢您的配合！

附录 2

关于"第 n 卫生间"需求情况调查问卷（老人卷）

您好！我们是××大学城乡规划专业的学生，我们正在做一项有关于"需异性陪伴如厕人群的需求情况"，希望能得到您的支持。本调查采用不记名的方式，能倾听您的想法，我们十分荣幸，谢谢您的配合！第三卫生间为解决一部分特殊对象（不同性别的家庭成员共同外出，其中一人的行动无法自理）如厕不便的问题而设置的卫生间，主要是指女儿协助老父亲，儿子协助老母亲，母亲协助小男孩，父亲协助小女孩等。

第 n 卫生间：是第三卫生间概念的延伸，不仅家长可以陪同异性儿童进入卫生间，异性子女也可以辅助年迈的父母如厕，同时还可以满足母婴和残疾人等特殊人群如厕需求的一种卫生间。

您的性别：男　　女　　　　　您的年龄：_____岁

1. 您平时在公园上厕所需要家人的陪同吗？（　　）

　　A. 需要　　　　　　　　B. 不需要

2. 您觉得本公园的卫生间存在哪些不足之处？（可多选）（　　）

　　A. 无母婴室　　　　　B. 残疾人厕位不足　C. 设施尺寸不合理　D. 卫生环境差

　　E. 其他_____

3. 您觉得在本公园上厕所有什么困扰？（可多选）（　　）

　　A. 卫生间空间尺度不合理　　　　　　B. 家人无法陪伴进入

　　C. 厕所难以寻找　　　　　　　　　　D. 如厕辅助设施不足

　　E. 卫生间条件过差　　　　　　　　　F. 其他_____

4. 您认为是否需要为老人设置可陪伴卫生间？（　　）

　　A. 需要　　　　　　　　　　　　　　B. 不需要

5. 您认为是否需要为老人增加如厕辅助设施？（　　）

　　A. 需要　　　　　　　　　　　　　　B. 不需要

6. 您觉得老人卫生间主要需要哪些设施？（可多选）（　　）

　　A. 老人厕位　　　　B. 扶手　　　　C. 等候区　　　　D. 其他_____

7. 从您想上厕所到如厕，多长时间您可以忍耐？（　　）

　　A. 3～5 分钟　　　B. 5～10 分钟　　　C. 10～15 分钟　D. 15 分钟以上

8. 您觉得本公园卫生间对于老人如厕有哪些不足之处？（　　）

　　A. 难以寻找　　　　　　　　　　　　B. 卫生间条件差

　　C. 设施不足、尺寸不合理　　　　　　D. 异性子女无法陪伴如厕

　　E. 其他_____

9. 您觉得本公园内的厕所还应该解决哪些人群的需求？（可多选）（　　）

　　A. 儿童　　　　　B. 母婴　　　　C. 残疾人　　　　D. 其他_____

10. 如果在本公园设置"第 n 卫生间"，您觉得该如何布置？（　　）

A. 按照特殊人群（儿童、母婴、行动不便的人等）的需求单独布置

B. 行动不便的人（老人、残疾人等）与儿童的卫生间结合布置，母婴室单独布置

C. 儿童卫生间与母婴室结合布置，行动不便的人（老人、残疾人等）单独布置卫生间

D. 行动不便的人（老人、残疾人等）的卫生间与母婴室结合布置，儿童卫生间单独布置

11. 您对本公园内的卫生间还有那些意见和建议？

再次感谢您的配合！

参考文献

[1] Martyn Denscombe. The Good Research Guide [M].Berkshire：Open University Press，2014.

[2] 王智勇，刘合林，罗吉.从"城市规划"到"城乡规划"——华中科技大学乡村规划课程教学实践与探索 [A].2017 年全国高等学校城乡规划学科教学研究优秀论文.北京：中国建筑工业出版社，2017.

[3] 宋兰萍，车震宇.2000 年以来国内外城乡空间分异研究述评 [J].建筑与文化，2018（11）：75-77.

[4] 尹兴，丁晓钦.当代资本主义发展的空间隔离及其危机变化——兼论中美贸易摩擦 [J].广东财经大学学报，2018（6）：4-13.

[5] 冯雷.理解空间：20 世纪空间观念的激变 [M].北京：中央编译出版社，2017.

[6] 风笑天.社会调查原理与方法 [M].北京：首都经济贸易大学出版社，2008.

[7] 李和平，李浩.城市规划社会调查方法 [M].北京：中国建筑工业出版社，2004.

[8] 陈前虎，武前波，吴一洲，等.城乡空间社会调查——原理、方法与实践 [M].北京：中国建筑工业出版社，2015.

[9] 郝大海.社会调查研究方法 [M].4 版.北京：中国人民大学出版社，2019.

[10] 江立华，水延凯.社会调查教程 [M].7 版.北京：中国人民大学出版社，2018.

[11] 谢俊贵.社会调查理论与实务 [M].北京：清华大学出版社，2014.

[12] 向岚麟，邢子博，崔珩.2004—2016 城乡社会调查报告获奖选题特点及趋势分析 [J].规划师，2018（11）：142-148.

[13] 赵亮.城市规划社会调查报告选题分析及教学探讨 [J].城市规划，2012（10）：81-85.

[14] 张晓荣，段德罡，吴锋.城市规划社会调查方法初步——城市规划思维训练环节2 [J].建筑与文化，2009（6）：46-48.

[15] 李浩.城市规划社会调查课程教学改革探析 [J].高等建筑教育，2006（3）：55-57.

[16] 杨上广，王春兰.大城市社会空间演变态势剖析与治理反思——基于上海的调查与思考 [J].公共管理学报，2010（1）：35-46.

[17] 余秀萍，王妙田.基于 SPSS 软件实现大学生创业意愿影响因素的回归分析 [J].河北建筑工程学院学报，2018，36（4）：126-129.

[18] 刘冬.基于"规范"与"评选"的城乡社会综合调查课程建构 [J].教育教学论坛，2015（27）：35-36.

[19] 陈轶.社会调查竞赛与城乡规划大学生创新能力培养 [J].山西建筑，2019（6）：241-243.

[20] 龙瀛，毛其智.城市规划大数据理论与方法 [M].北京：中国建筑工业出版社，2019.

[21] 风笑天.现代社会调查方法 [M].5 版.武汉：华中科技大学出版社，2014.

[22] 王圣云.空间理论解读：基于人文地理学的透视 [J].人文地理，2011（1）：15-18.

[23] 王鹏，赵丽虹.大数据和新媒体技术推动城市规划转型初探 [C].第十七届中国科协年会论文集，2015.

[24] 汪芳，朱以才.基于交叉学科的地理学类城市规划教学思考——以社会实践调查与规划设计课程为例 [J].城市规划，2010，34（7）：53-61.

[25] 龙瀛.城市大数据与定量城市研究 [J].上海城市规划，2014（5）：13-15.

[26] 范凌云，杨新海，王雨村.社会调查与城市规划相关课程联动教学探索 [J].高等建筑教育，2008（5）：39-43.

[27] 巫昊燕.结合城乡规划主干课程的社会调查课程改革创新 [J].教育教学论坛，2018（29）：107-110.

[28] 李浩，赵万民.改革社会调查课程教学，推动城市规划学科发展 [J].规划师，2007（11）：65-67.

[29] 邢建勋，郭丽霞，荣丽华.社会学类课程在城乡规划专业教学中的应用研究[J].建筑与文化，2018（5）：191-193.

[30] 欧莹莹.城市规划社会调查教学探索 [C].2011 全国高等学校城市规划专业指导委员会年会，2011.